高玉良 主编

高玉良 余仕求 李克举 陈希湘 编著

电工与电子技术基础实验

普通高等院校电工电子实验实践系列教材

Basic Experiment of Electrical Engineering
and Electronic Technology

人民邮电出版社
北京

高校系列

图书在版编目（CIP）数据

电工与电子技术基础实验 / 高玉良主编. -- 北京：人民邮电出版社，2017.1（2022.1重印）

普通高等院校电工电子实验实践系列教材

ISBN 978-7-115-43163-9

Ⅰ. ①电… Ⅱ. ①高… Ⅲ. ①电工实验－高等学校－教材②电子技术－实验－高等学校－教材 Ⅳ. ①TM-33 ②TN-33

中国版本图书馆CIP数据核字(2016)第177697号

内 容 提 要

本书是参照教育部颁布的有关电工与电子技术基础课程教学的基本要求，结合目前电工与电子技术基础课程教学的实际情况及电子技术，特别是集成电路的发展状况编写的。

本书内容分为上、下两篇：上篇为基础知识部分，介绍电工与电子实验的基础知识和电子设计自动化软件 EWB，包括元器件识别与使用、电子测量基本知识、电路组装调试与故障检测技术等内容；下篇为电工与电子技术实验，电工实验侧重于基本实验技能特别是仪器使用的训练，电子实验模拟电路部分侧重于电子实验基本技能的训练，数字电路部分在基本实验内容的基础上，安排了相当数量的设计性实验内容和两个大型综合性设计实验，以满足不同层次的教学要求。书末设有附录。附录部分给出了常用电子仪器简介、半导体器件选编等内容。

本书可作为高等院校电工与电子技术课程的实验教材。

◆ 主　　编　高玉良

　 编　　著　高玉良　余仕求　李克举　陈希湘

　 责任编辑　王小娟

　 责任印制　沈　蓉　彭志环

◆ 人民邮电出版社出版发行　　北京市丰台区成寿寺路 11 号

　 邮编　100164　电子邮件　315@ptpress.com.cn

　 网址　http://www.ptpress.com.cn

　 北京七彩京通数码快印有限公司印刷

◆ 开本：787×1092　1/16

　 印张：12　　　　　　　　2017 年 1 月第 1 版

　 字数：292 千字　　　　　2022 年 1 月北京第 3 次印刷

定价：30.00 元

读者服务热线：(010)81055256　印装质量热线：(010)81055316
反盗版热线：(010)81055315

本书是参照教育部颁布的有关电工与电子技术基础课程教学的基本要求，结合目前电工与电子技术基础课程教学的实际情况及电子技术，特别是集成电路的发展状况编写的。

本书分为上、下两篇。第1~4章为上篇，介绍电子电路实验的基础知识和电子设计自动化软件EWB，要求学生结合实验，阅读掌握。第5~6章为下篇，第5章10个电工实验侧重于基本实验技能，特别是仪器使用的训练，教师还可安排一个单元的时间进行EWB基本操作的教学；第6章16个电子实验，其中模拟部分侧重于电子实验基本技能的训练，实验中计算机仿真的内容由学生自己安排时间在实验前上机练习，教师可安排一个单元的时间对EWB中的高级分析和仪器使用进行教学；数字电路实验包含基本的和设计性的实验内容，以满足不同层次的教学要求，实验十五和实验十六为大型综合性设计实验，由于要占用较多的学时，课时较少的实验课可不作要求。附录部分介绍了常用电子仪器，要求学生结合实验，掌握其基本的使用方法，收集的常用电子元器件的型号、特性参数、引脚排列等，也要求学生有所了解。

由于本书中实验内容较多，教师应在实验前让学生明确具体的实验内容，做好实验预习。

本书是根据长江大学电工与电子实验课教师多年教学经验编写的，参加编写工作的有高玉良、余仕求、李克举、陈希湘等。余仕求编写了第5章实验三、四、八、九，李克举编写了第6章实验十一、十二和附录A，陈希湘编写了第6章实验十五、十六，其余部分由高玉良编写，全书由高玉良统稿。

由于编者水平有限，书中难免有错误和不妥之处，希望使用本书的教师和同学们批评、指正，提出改进意见。

编　者
2016.5.20

目　　录

上篇 基础知识

第 **1** 章 常用元器件的识别、测试与使用

电子元器件是电子产品的重要组成部分。工程技术人员应全面了解各类元器件的结构和特点，并能正确选择、合理应用它们。

电工与电子常用的元器件主要是电阻器、电容器、电感器和各种半导体器件（如二极管、三极管、集成电路等）。为了正确地选择和使用这些元器件，必须掌握它们的性能、结构与主要参数等有关知识。

1.1 电阻器、电容器、电感器

1.1.1 电阻器和电位器

1. 电阻器

电阻器是电路元件中应用最广泛的一种，在电子设备中约占元件总数的 30%以上，其质量的好坏对电路工作的稳定性有极大影响。电阻器的主要用途是稳定和调节电路中的电流和电压，其次还可作为分流器、分压器和消耗电能的负载等。

电阻器主要分为薄膜电阻和线绕电阻两大类。薄膜电阻又可分为碳膜电阻和金属膜电阻两类。实验所用的电阻为碳膜电阻。

2. 电位器

电位器是一种具有 3 个接头的可变电阻器，它靠内部的一个活动触头（电刷）在电阻体上滑动，获得与转角或位移成一定关系的电阻值。实验用简易电位器的动点与中间引脚相连。在电路中，电位器除作可变电阻外，还可作分压器使用，连接如图 1.1 所示。

3. 电阻器和电位器的型号命名法

电阻器和电位器的型号命名法如表 1.1 所示。

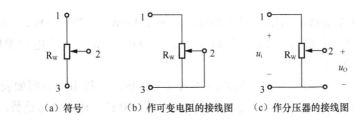

（a）符号　　　（b）作可变电阻的接线图　　（c）作分压器的接线图

图 1.1　电位器及其接线图

表 1.1　　　　　　　　　　　　电阻器和电位器的型号命名法

第一部分 主称		第二部分 材料		第三部分 特征		第四部分 序号
用字母表示		用字母表示		用数字或字母表示		用数字表示
符号	意义	符号	意义	符号	意义	
R	电阻器	T	碳膜	1，2	普通	包括：
W	电位器	P	硼碳膜	3	超高频	额定功率
		U	硅碳膜	4	高阻	阻值
		C	沉积膜	5	高温	允许误差
		H	合成膜	7	精密	精度等级
		I	玻璃釉膜	8	电阻器—高压	
		J	金属膜（箔）		电位器—特殊函数	
		Y	氧化膜	9	特殊	
		S	有机实心	G	高功率	
		N	无机实心	T	可调	
		X	线绕	X	小型	
		R	热敏	L	测量用	
		G	光敏	W	微调	
		M	压敏	D	多圈	

示例：RJ71-0.25-10kI 型电阻器

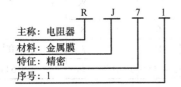

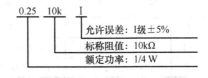

主称：电阻器
材料：金属膜
特征：精密
序号：1

允许误差：I级±5%
标称阻值：10kΩ
额定功率：1/4 W

由此可见，这是精密金属膜电阻器，其额定功率为 0.25W，标称电阻值为 10kΩ，允许误差为±5%。

4．线性电阻器和电位器的主要性能指标

（1）额定功率。正常条件下指电阻器允许消耗的最大功率。当超过额定功率时，电阻器的阻值将发生变化，甚至发热烧毁。为保证安全使用，一般选其额定功率比它在电路中消耗的功率高 1.5～2 倍。

额定功率分 19 个等级，常用的有 1/20W、1/8W、1/4W、1/2W、1W、2W、3W、4W、5W…，实验中应用较多的有 1/8W、1/4W、1/2W、1W、2W。线绕电位器应用较多的有 2W、3W、5W、10W 等。

（2）标称阻值。标称阻值是产品标志的"名义"阻值，标称阻值系列如表 1.2 所示。任何固定电阻器的阻值都应符合表中所列数值乘以 $10^n\Omega$，其中 n 为整数。

表 1.2　　　　　　　　　　　　　　标称阻值

系列代号	标称阻值系列											允许误差
E24	1.0 1.1 1.2 1.3 1.5 1.6 1.8 2.0 2.2 2.4 2.7 3.0 3.3 3.6 3.9 4.3 4.7 5.1 5.6 6.2 6.8 7.5 8.2 9.1											±5%
E12	1.0 1.2 1.5 1.8 2.2 2.7 3.3 3.9 4.7 5.6 6.8 8.2											±10%
E6	1.0 1.5 2.2 3.3 4.7 6.8											±20%

（3）允许误差。允许误差是指电阻器和电位器的实际阻值对于标称阻值的最大允许偏差范围，它表示产品的精度。允许误差等级如表 1.3 所示。线绕电位器的允许误差一般小于 ±10%，非线绕电位器的允许误差一般小于 ±20%。

表 1.3　　　　　　　　　　　　　　允许误差等级

级别	005	01	02	Ⅰ	Ⅱ	Ⅲ
允许误差	±0.5%	±1%	±2%	±5%	±10%	±20%

电阻器的阻值和误差，一般常用数字标印在电阻上，但在实心碳膜电阻器和微型电阻器上，则用 5 个色环来表示，如图 1.2 所示。色环阻值的识别方法为：将 4 个靠得比较紧的色环置于左边，第 1、2、3 个色环分别表示阻值的第一、二、三位数，第 4 个色环表示三位数后零的个数，第 5 个色环表示阻值的允许误差。若是四色环电阻，则第一、第二个色环表示阻值的第一、二位数，第三个色环表示二位数后零的个数，第四个色环表示阻值的允许误差。各种颜色代表的意义如表 1.4 所示。

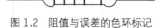

图 1.2　阻值与误差的色环标记

表 1.4　　　　　　　　　　　　　　色环颜色的意义

数值 \ 颜色	黑	棕	红	橙	黄	绿	蓝	紫	灰	白	金	银	底色
代表数值	0	1	2	3	4	5	6	7	8	9	/	/	/
倍乘数	×1	×10	×10^2	×10^3	×10^4	×10^5	×10^6	×10^7			×10^{-1}	×10^{-2}	/
误差	/	±1%	±2%	/	/	±0.5%	±0.25%	±0.1%	/	/	±5%	±10%	±20%

例如，第一、二、三、四、五色环分别为绿、棕、黑、棕、金色，则该电阻的阻值和误差分别为

$$R=510\times10^1=5.1\text{k}\Omega \qquad 误差为 \pm5\%$$

（4）最高工作电压。最高工作电压是由电阻器、电位器最大电流密度、电阻体击穿及其结构等因素所规定的工作电压限度。阻值较大的电阻器，在工作电压过高时，虽功率不超过规定值，但内部会发生电弧火花放电，导致电阻变质损坏。一般 1/8W 碳膜电阻器和金属膜电阻器的最高工作电压分别不能超过 150V 和 200V。

5. 选用电阻器常识

（1）根据电子设备的技术指标和电路的具体要求选用电阻的型号和误差等级，不要片面采用高精度电阻，以免增加成本。

（2）选择电阻时必须考虑电路中的信号频率，因为一个电阻可等效成一个 R、L、C 二端线性网络，如图 1.3 所示。不同类型的电阻，R、L、C 3 个参数的大小有很大差异，如线绕电阻本身就是个线圈，所以不能用于高频电路。

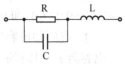

图 1.3 电阻器的等效电路

（3）电阻的额定功率要比其在电路中实际消耗的功率大 1.5～2 倍，以提高设备可靠性。

（4）电阻装接前应进行测量、核对，尤其是在装配精密电子设备时，电阻必须经过老化处理，以提高其稳定性。用万用表测量电阻时要注意两点：一是测量时不能用双手同时捏住电阻和测试笔；二是用模拟表测量时，换变量程挡后要重新调零；用数字表测量小电阻时，应在测量结果中扣除表笔短接时的显示值。

1.1.2 电容器

电容器是一种储能元件，在电路中用于调谐、滤波、耦合、旁路等，具有阻止直流通过、允许交流通过的特征。常用的平行板电容器的容量表示式为 $C = \varepsilon \dfrac{S}{d}$。

1. 电容器的分类

（1）按其结构，可分为以下 3 种。

① 固定电容器。电容器容量是固定不可调的，我们则称之为固定电容器。

② 半可变电容器（微调电容器）。电容器容量可在小范围内变化，其可变容量为十几至几十皮法（pF），最高达 100pF（以陶瓷为介质时），适用于整机调整后电容量不需经常改变的场合，常以空气、云母或陶瓷作为介质。

③ 可变电容器。电容器容量可在一定范围内连续变化。常有"单联"、"双联"之分，它们由若干片形状相同的金属片并接成一组定片和一组动片，动片可以通过转轴转动，以改变动片插入定片的面积，从而改变电容量。一般以空气作介质，也有用有机薄膜作介质的。

（2）按电容器介质材料，可分为以下几种。

① 电解电容器。以铝、钽、铌、钛等金属氧化膜作介质的电容器。应用最广的是铝电解电容器。它容量大、体积小、耐压高（但耐压越高，体积也就越大），一般在 500V 以下，常用于交流旁路和滤波，缺点是容量误差大，且随频率而变动，绝缘电阻低。

电解电容有正、负极之分，一般电容器外壳上都标有"+"或"−"记号，如无标记则引线长的为"+"端，引线短的为"−"端。使用时必须注意不要接反，若接反，电解作用会反向进行，氧化膜很快变薄，漏电流急剧增加，如果所加的直流电压过大，则电容器很快发热，引起爆炸。

由于铝电解电容器具有不少缺点，在要求较高的地方常用钽、铌或钛电容器。它们比铝电解电容器的漏电流小、体积小，但成本高。

② 云母电容器。以云母片作介质的电容器。其特点是高频性能稳定，损耗小，漏电流

小，耐压高（几百伏～几千伏），但容量小（几十皮法～几万皮法）。

③ 瓷介电容器。以高介电常数、低损耗的陶瓷材料为介质，故其体积小，损耗小，温度系数小，可工作在超高频范围，但耐压较低（一般为 60～70V），容量较小（一般为 1～1 000pF）。为克服容量小的缺点，现有采用了铁电陶瓷和独石电容器。它们的容量分别可达 680pF～0.047μF 和 0.01 至几微法，但其温度系数大、损耗大，容量误差大。

④ 玻璃釉电容器。以玻璃釉作介质，它具有瓷介电容器的优点，且体积比同容量的瓷介电容器小。其容量范围为 4.7pF～4μF。另外，其介电常数在很宽的频率范围内保持不变，还可应用在 125℃ 高温下。

⑤ 纸介电容器。纸介电容器的电极用铝箔或锡箔做成，绝缘介质是浸蜡的纸，相叠后卷成圆柱体，外包防潮物质，有时外壳采用密封的铁壳以提高防潮性。大容量的电容器常在铁壳里灌满电容器油或变压器油，以提高耐压强度，被称为油浸纸介电容器。

纸介电容器的优点是在一定体积内可以得到较大的电容量，且结构简单、价格低廉。但介质损耗大、稳定性不高，主要用于低频电路的旁路和隔直电容。其容量一般为 100pF～10μF。

新发展的纸介电容器用蒸发的方法使金属附着于纸上作为电极，因此其体积大大缩小，称为金属化纸介电容器，其性能与纸介电容器相仿。它有一个最大特点：被高电压击穿后，有自愈作用，即电压恢复正常后仍能工作。

⑥ 有机薄膜电容器。用聚苯乙烯、聚四氟乙烯或涤纶等有机薄膜代替纸介质做成的各种电容器。与纸介电容器相比，它的优点是体积小、耐压高、损耗小、绝缘电阻大、稳定性好，但温度系数大。

电容器在电路中的符号表示如图 1.4 所示。

(a) 固定电容　(b) 电解电容　(c) 半可变电容　(d) 可变电容

图 1.4　电容器的符号表示

2. 电容器型号命名法

电容器的型号命名法如表 1.5 所示。

表 1.5　电容器型号命名法

第一部分 主称		第二部分 材料		第三部分 特征		第四部分 序号
用字母表示		用字母表示		用字母表示		用字母或数字表示
符号	意义	符号	意义	符号	意义	
C	电容器	C	陶瓷	T	铁电	包括品种、尺寸代号、温度特征、直流工作电压、标称值、允许误差、标准代号等
		I	玻璃釉	W	微调	
		O	玻璃膜	J	金属化	
		Y	云母	X	小型	
		V	云母纸	S	独石	
		Z	纸介	D	低压	

续表

第一部分 主称		第二部分 材料		第三部分 特征		第四部分 序号
用字母表示		用字母表示		用字母表示		用字母或数字表示
符号	意义	符号	意义	符号	意义	
		J	金属化纸介	M	密封	
		B	聚苯乙烯	Y	高压	
		F	聚四氟乙烯	C	穿心式	
		L	涤纶			
		S	聚碳酸酯			
		Q	漆膜			
		H	纸膜复合			
		D	铝电解			
		A	钽电解			
		G	合金电解			
		N	铌电解			
		T	钛电解			
		M	压敏			
		E	其他材料电解			

示例：CJX-250-0.33- ±10%电容器

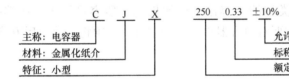

主称：电容器　　　　　　　允许误差：±10%
材料：金属化纸介　　　　　标称电容量：0.33μF
特征：小型　　　　　　　　额定工作电压：250V

3. 电容器的主要性能指标

（1）电容量。电容量是指电容器加上电压后，贮存电荷的能力。常用单位是：法（F）、微法（μF）、纳法（nF）和皮法（pF）。皮法也称微微法。三者的关系为

$$1pF=10^{-6}\mu F=10^{-9}nF=10^{-12}F$$

电容器上都直接写出其容量，如 4n7 表示 4.7nF，3p3 表示 3.3pF。如果没有单位，则当数字大于 1 时，单位默认为 pF；数字小于 1 时，单位默认为 μF。也有用三位数字来标示容量的，如电容器上只标出"332"三位数值，左起两位数给出电容量的第一、二位数字，而第三位数字则表示附加上零的个数，以 pF 为单位，因此"332"即表示该电容器的电容量为 3300pF。但如果第三位数值是 9，则表示是×10^{-1}，如 479 表示 47×10^{-1}=4.7nF。

（2）标称电容量。标称电容量是标志在电容器上的"名义"电容量。我国固定式电容器标称电容量系列为 E24、E12、E6。电解电容的误差较大，受温度影响较大，故其标称容量系列为 E6（以 μF 为单位）。

（3）允许误差。允许误差是实际电容量对于标称电容量的最大允许偏差范围。固定电容器的允许误差分 8 级，如表 1.6 所示。

表 1.6   允许误差等级

级别	01	02	I	II	III	IV	V	VI
允许误差	±1%	±2%	±5%	±10%	±20%	+20%～-30%	+50%～-20%	+100%～-10%

（4）额定工作电压。额定工作电压是电容器在规定的工作温度范围内，长期、可靠地工作所能承受的最高电压。常用固定式电容器的直流工作电压系列为：6.3V、10V、16V、25V、40V、63V、100V、160V、250V 和 400V。

（5）绝缘电阻。绝缘电阻是加在其上的直流电压与通过它的漏电流的比值。绝缘电阻一般应在 5000MΩ 以上，优质电容器可达 TΩ（10^{12}Ω，称为太欧）级。

（6）介质损耗。理想的电容器应没有能量损耗，但实际上电容器在电场的作用下，总有一部分电能转换成为热能，所损耗的能量称为电容器的损耗，它包括金属极板的损耗和介质损耗两部分。小功率电容器主要是介质损耗。

4．电容器质量的简单测试

利用模拟万用表的欧姆挡可以测出电解电容器的优劣，辨别其漏电、容量衰减或失效的大致情况。具体方法是：选用 "$R×1k$" 或 "$R×100$" 挡，将黑表笔接电容器的正极，红表笔接电容器的负极，若表针摆动大，且返回慢，返回值接近∞，说明该电容器正常且电容量大；若表针摆动虽大，但返回时表针显示的 Ω 值较小，说明该电容器漏电流较大；若表针摆动很大，接近于 0Ω 且不返回，说明该电容器已击穿；若表针不摆动，则说明该电容器已开路，失效。

该方法也适用于辨别其他类型的电容器。但如果电容器容量较小，应选择万用表的 "$R×10k$" 挡测量。另外，如果需要对电容器再一次测量时，必须将其放电后方能进行。

5．选用电容器常识

（1）技术要求不同的电路应选用不同类型的电容器，谐振回路中要用介质损耗小的电容器，如高频陶瓷电容器；隔直、耦合电容可选用纸介、涤纶、电解等电容器；电源滤波一般用电解电器；旁路可选用涤纶、纸介、陶瓷和电解电容器。

（2）当现有的电容器和电路要求的容量或耐压不符时，可采用串联、并联的方法。要注意的是工作电压不同的电容器并联时，耐压由最低的那只决定；容量不同的电容器串联时，容量最小的那只承受的电压最高。

（3）选择电容器时必须考虑电路中的信号频率，因为一个电容器可等效成一个 *RLC* 二端线性网络，如图 1.5 所示。

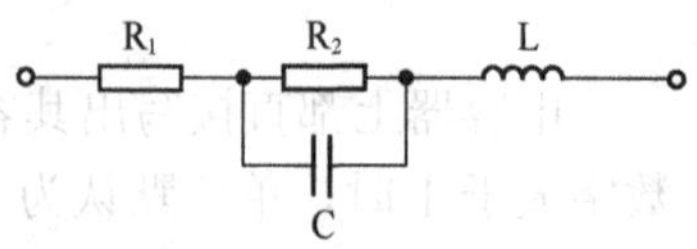

图 1.5　电容器的等效电路

不同类型的电容器，其等效参数的差异很大。等效电感大的电容器（如电解电容器）不适合用于耦合、旁路高频信号；等效电阻大的电容器不适合用于 *Q* 值要求高的振荡回路中。为满足从低频到高频滤波旁路的要求，在实际电路中，常将一个大容量的电解电容器与一个小容量的适合于高频的电容器并联使用。

（4）电容器在装接前需进行测量，并观察其漏电是否严重，装接时要注意耐压是否满足要求，电解电容器的正、负极不能接反。

1.1.3 电感器

电感器也是一种储能元件，在电路中用于调谐、滤波、耦合等，具有阻止交流通过、允许直流通过的特征。

电感器一般由线圈构成。为了增加电感量 L，提高品质因素 Q 和减小体积，通常在线圈中加入软磁性材料的磁芯。与电阻器、电容器不同，多数电感器为非标准件，一般根据电路的不同要求具体设计。

1. 电感器的分类

根据电感器的电感量是否可调，电感器分为固定、可变和微调电感器 3 类。

可变电感器的电感量可利用磁芯在线圈内移动而在较大的范围内调节。它与固定电容器配合使用于谐振电路中，起调谐作用。

微调电感器可以满足整机调试的需要和补偿电感器生产中的分散性，调好后，一般不再变动。

根据电感器的结构可分为单层线圈、多层线圈、带磁芯、铁芯和磁芯有间隙的电感器等几类。

除此之外，还有一些小型电感器，如平面电感器和集成电感器等，可满足电子设备小型化的需要。

2. 电感器的主要性能指标

（1）电感量 L。电感量是指电感器通过变化电流时产生感应电动势的能力。其大小与磁导率 μ、线圈单位长度中的匝数 n 及体积 V 有关。当线圈的长度远大于直径时，电感量：

$$L=\mu n^2 V$$

电感量的常用单位为 H（亨利）、mH（毫亨）、μH（微亨）。

不同用途的电感器，其电感量的允许误差不同，如用于滤波电路和谐振电路的电感器，其允许误差就小；而一般的耦合线圈、扼流圈等，其允许误差就大。

（2）品质因数 Q。品质因数反映电感器传输能量的效率。它等于线圈在同一频率时的感抗与其电阻的比值。Q 值越大，传输能量的本领越大，即损耗越小。一般线圈的 Q 值在 50～300 之间。

$$Q = \frac{\omega L}{R}$$

（3）额定电流。额定电流主要对高频电感器和大功率调谐电感器而言。通过电感器的电流超过额定值时，电感器将发热，严重时会烧坏。

3. 选用电感器的常识

（1）选择电感器时，首先应明确其使用频率范围，因为一个电感器可等效成一个 RLC 二端线性网络，如图 1.6 所示。铁芯线圈只能用于低频，一般铁氧体线圈、空心线圈可用于高频。其次要弄清线圈的电感量和内阻。

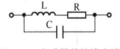

图 1.6 电感器的等效电路

（2）由于电感器是磁感应元件，安装电路时要注意电感性元件之间的相对位置，一般应使相互靠近的电感线圈的轴线相互垂直，以尽量减少耦合。

1.2 半导体二极管、三极管的识别与简单测试

半导体二极管和三极管是组成分立元件电路的核心器件。二极管具有单向导电性，可用于整流、检波、稳压、混频电路中。三极管对信号具有放大作用和控制作用。它们的管壳上都印有规格和型号。其型号命名法如表 1.7 所示。

表 1.7　　　　　　　　　半导体器件型号命名法

第一部分		第二部分		第三部分		第四部分	第五部分
用数字表示器件的电极数		用字母表示器件的材料和极性		用字母表示器件的类别		用数字表示器件的序号	用字母表示器件的规格号
符号	意义	符号	意义	符号	意义	意义	意义
2	二极管	A	N 型锗材料	P	普通管	反映了极限参数、直流参数和交流参数的差别	反映了承受反向击穿电压的程度。如规格号为 A、B、C、D……其中 A 承受的反向击穿电压最低，B 次之，依次类推
		B	P 型锗材料	V	微波管		
		C	N 型硅材料	W	稳压管		
		D	P 型硅材料	C	参量管		
3	三极管	A	PNP 型锗材料	Z	整流管		
		B	NPN 型锗材料	L	整流堆		
		C	PNP 型硅材料	S	隧道管		
		D	NPN 型硅材料	N	阻尼管		
		E	化合物材料	U	光电器件		
				K	开关管		
				X	低频小功率管 ($f_a<3\text{MHz},P_{CM}<1\text{W}$)		
				G	高频小功率管 ($f_a\geq3\text{MHz},P_{CM}<1\text{W}$)		
				D	低频大功率管 ($f_a<3\text{MHz},P_{CM}\geq1\text{W}$)		
				A	高频大功率管 ($f_a\geq3\text{MHz},P_{CM}\geq1\text{W}$)		
				T	半导体闸流管		
				Y	体效应器件		
				B	雪崩管		
				J	阶跃恢复管		
				CS	场效应器件		
				BT	半导体特殊器件		
				FH	复合管		
				PIN	PIN 管		
				JG	激光器件		

示例：

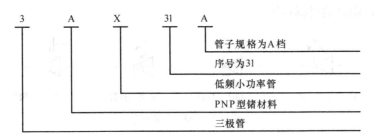

该管为 PNP 型低频小功率锗管。

1.2.1 半导体二极管

1. 普通二极管的识别与简单测试

普通二极管一般有玻璃封装和塑料封装两种，它们的外壳上均印有型号和标记。标记箭头所指方向为阴极。有的二极管上只有一个色点，有色点的一端为阳极。

若遇到型号标记不清时，可以借助万用表作简单判别。我们知道，数字万用表正端（+）红表笔接表内电池的正极，而负端（−）黑表笔接表内电池的负极（模拟万用表与此相反）。根据 PN 结正向导通电阻值小、反向截止电阻值大的原理来简单确定二极管的好坏和极性。具体做法如下。

数字万用表用二极管挡测量：将红、黑两表笔接触二极管的两端，记下读数后交换表笔，若两次读数一次为"1."、一次为几百，则表明二极管是好的，读数为几百的那次测量中红表笔所接的是二极管的阳极，读数为二极管的正向压降；若二次读数均为几百或几千，则表明该二极管已失去单向导电性；若两次读数均为"1."，则说明该二极管已开路。

模拟万用表用欧姆挡测量：万用表置"R×100"或"R×1k"处，将红、黑两表笔接触二极管两端，表头有一指示；将红、黑两表笔反过来再次接触二极管两端，表头又将有一指示。若两次指示的阻值相差很大，说明该二极管单向导电性好，并且阻值大（几百千欧以上）的那次红笔所接的是二极管的阳极；若两次指示的阻值相差很小，说明该二极管已失去单向导电性；若两次指示的阻值均很大，则说明该二极管已开路。

二极管所用半导体材料分为锗和硅，硅管的正向导通电压为 0.6～0.7V，锗管的正向导通电压为 0.1～0.3V，只要测出二极管的正向导通压降，即可判定该二极管的材料。

2. 特殊二极管的识别与简单测试

特殊二极管的种类较多，有发光二极管（LED）、稳压二极管、光电二极管、变容二极管等，符号如图 1.7 所示，在此我们只介绍两种常用的特殊二极管。

（1）发光二极管（LED）。

发光二极管通常是用砷化镓、磷化镓等材料制成的一种器件。在数字电路实验中，常用作逻辑显示器。发光二极管正向工作电压在 1.5～2.5V，允许通过的电流为 2～30mA，电流的大小决定发光的亮度。电压、电流的大小依器件型号不同而稍有差异。若与 TTL 组件相连接使用时，一般需串接一个 330Ω 的分压电阻，以防止器件损坏。发光二极管出厂时，阳极的引脚较长，阴极的引脚较短。

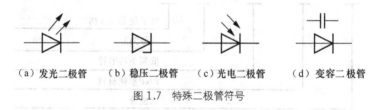

（a）发光二极管　　（b）稳压二极管　　（c）光电二极管　　（d）变容二极管

图 1.7　特殊二极管符号

（2）稳压二极管。

稳压二极管有玻璃、塑料封装和金属外壳封装两种。玻璃、塑料封装外形与普通二极管相似，如 2CW7；金属外壳封装外形与小功率三极管相似，但内部为双稳压二极管，其本身具有温度补偿作用，如 2CW231（详见图 1.8）。

稳压二极管在电路中是反向连接的，在使用时要串接限流电阻，它能使稳压二极管所接电路两端的电压稳定在一个规定的电压范围内，我们称为稳压值。确定稳压二极管稳压值的方法有 3 种：①根据稳压二极管的型号查阅手册得知；②在晶体管测试仪上测出其伏安性曲线获得；③通过一简单的实验电路测得，实验电路如图 1.9 所示。我们改变直流电源电压 U，使之由零开始缓慢增加，同时稳压二极管两端用直流电压表监视。当 U 增加到一定值，稳压二极管反向击穿，直流电压表指示某电压值。这时再增加直流电源电压 U，稳压二极管两端电压基本上不再变化，电压表所指示的电压值就是该稳压二极管的稳压值。

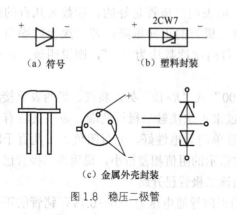

（a）符号　　　　　（b）塑料封装

（c）金属外壳封装

图 1.8　稳压二极管

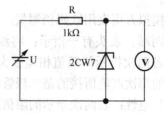

图 1.9　测试稳压二极管稳压值的实验电路

1.2.2　半导体三极管

1. 三极管的分类

半导体三极管又称双极型晶体管，其种类非常多，按结构工艺分有 PNP 型和 NPN 型；按制造材料分，有锗管和硅管；按工作频率分，有低频管、高频管和微波管；按允许耗散的功率分，有小功率管和大功率管。一般小功率管的额定功耗在 1W 以下，而大功率管的额定功耗可达几十瓦以上。

2．三极管的识别与简单测试

三极管主要有 NPN 型和 PNP 型两大类，我们可以根据命名法从三极管管壳上的符号辨别出它的型号和类型。例如，三极管管壳上印的是 3DG6，表明它是 NPN 型高频小功率硅三极管；如印的是 3AX31，则表明它是 PNP 型低频小功率锗三极管。同时，我们还可以根据管壳上色点的颜色来判断出管子的电流放大系数 β 值的大致范围。以 3DG6 为例，若色点为黄色，表示 β 值在 30～60 之间，绿色表示 β 值在 50～110 之间，蓝色表示 β 值在 90～160 之间，白色表示 β 值在 140～200 之间。但有的厂家并非按此规定，使用时要注意。

当从管壳上知道三极管的类型、型号及 β 值后，还应进一步辨别它们的 3 个电极。

对于小功率三极管来说，有金属外壳封装和塑料外壳封装两种。

金属外壳封装的三极管的管壳上如带有定位销，那么，将管底朝上，从定位销起，按顺时针方向，三根电极依次为 e、b、c。如果管壳上无定位销，且三根电极在半圆内，将有三根电极的半圆置于上方，按顺时针方向，三根电极依次为 e、b、c，如图 1.10（a）所示。

塑料外壳封装的三极管，面对平面，三根电极置于下方，从左到右，三根电极依次为 e、b、c，如图 1.10（b）所示。

对于大功率三极管，外形一般分为 F 型和 G 型两种，如图 1.11 所示。F 型管从外形上只能看到两根电极。将管脚朝上，两根电极置于左侧，则上为 e，下为 b，底座为 c。G 型管的三根电极一般在管壳的顶部，将管脚朝下，三根电极置于左方，从最下电极起，顺时针方向，依次为 e、b、c。

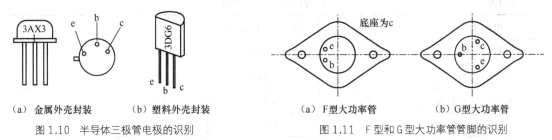

（a）金属外壳封装　　　（b）塑料外壳封装　　　　　　　　（a）F 型大功率管　　　（b）G 型大功率管

图 1.10　半导体三极管电极的识别　　　　　　　图 1.11　F 型和 G 型大功率管管脚的识别

三极管的管脚必须正确确认，否则接入电路后不但不能正常工作，还可能烧坏管子。

利用万用表即可对三极管进行简单测试。首先根据上述管脚识别方法确认 e、b、c 3 个管脚，再根据 b、e 间的电压降的大小和极性确定三极管的材料和类型：b、e 导通时，若 $U_{be}>0$，则为 NPN 型，否则为 PNP 型；若 U_{be} 为 0.6～0.7V，则为硅管，若 U_{be} 为 0.1～0.3V，则为锗管；将三极管的 3 个极插入万用表 h 参数测量孔的对应孔中（注意三极管的类型），指示或显示的读数即为三极管的 β 值，由此值和 U_{be} 的值即可粗略地判别三极管的好坏。

1.3　集成电路的识别

1.3.1　集成电路的分类

集成电路，简称 IC（Integrated Circuit），是现代电子电路的重要组成部分。它具有体积小、重量轻、功耗低、可靠性好和价格便宜等一系列优点。

概括来说，集成电路按制造工艺，可分为半导体集成电路、薄膜集成电路和由二者组合而成的混合集成电路；按功能，可分为模拟集成电路、数字集成电路和数模混合集成电路；按集成度，可分为小规模集成电路（SSI，集成度<10 个门电路）、中规模集成电路（MSI，集成度为 10～100 个门电路）、大规模集成电路（LSI，集成度为 100～1000 个门电路）及超大规模集成电路（VLSI，集成度>1000 个门电路）；按外形又可分为圆型（金属外壳晶体管封装型，适用于大功率）、扁平型（稳定性好、体积小）和双列直插型（有利于采用大规模生产技术进行焊接，因此获得广泛的应用）。

目前，已经成熟的集成逻辑技术主要有 3 种：TTL 逻辑（晶体管-晶体管逻辑）、CMOS 逻辑（互补金属-氧化物-半导体逻辑）和 ECL 逻辑（发射极耦合逻辑）。

TTL 逻辑有两个常用的系列化新产品：74 系列（民用）和 54 系列（军用）。74 系列的工作温度为 0～75℃，电源电压为 4.75～5.25V；54 系列的工作温度为-55～125℃，电源电压为 4.5～5.5V。

CMOS 逻辑的特点是功耗低，工作环境温度范围和电源电压范围都较宽，陶瓷封装的环境温度范围为-55～125℃，塑料封装的环境温度范围为-40～85℃；工作电压为 3～18V，另外工作速度较快，可达 7MHz。

ECL 逻辑的最大特点是工作速度高。因为在 ECL 电路中数字逻辑电路形式采用非饱和型，消除了三极管的存贮时间，大大加快了工作速度。

以上几种逻辑电路的有关参数列于表 1.8 中。

表 1.8   几种逻辑电路的参数

电路种类	工作电压	每个门的功耗 P	门延时	扇出系数
TTL 标准	+5V	10mW	10ns	10
TTL 标准肖特基	+5V	20mW	3ns	10
TTL 低功耗肖特基	+5V	2 mW	10ns	10
ECL 标准	-5.2V	25 mW	2ns	10
ECL 高速	-5.2V	40 mW	0.75ns	10
CMOS	+3～18V	μW 级	ns 级	50

1.3.2 集成电路的型号命名法

现行国标标准规定的集成电路命名法如表 1.9 所示。

表 1.9   半导体集成器件型号命名法

第零部分		第一部分		第二部分	第三部分		第四部分	
用字母表示器件符合国家标准		用字母表示器件的类型		用阿拉伯数字和字母表示器件系列品种	用字母表示器件的工作温度范围		用字母表示器件的封装	
符号	意义	符号	意义		符号	意义	符号	意义
C	中国制造	T	TTL 电路	TTL 分为：	C	0～70℃	F	多层陶瓷扁平封装

续表

第零部分		第一部分		第二部分	第三部分		第四部分	
用字母表示器件 符合国家标准		用字母表示器件的类型		用阿拉伯数字和 字母表示器件系 列品种	用字母表示器件的 工作温度范围		用字母表示器件的封装	
符号	意义	符号	意义		符号	意义	符号	意义
		H	HTL 电路	54/74×××	G	−25～70℃	B	塑料扁平封装
		E	ECL 电路	5474H×××	L	−25～85℃	H	黑瓷扁平封装
		C	CMOS 电路	5474L×××	E	−40～85℃	D	多层陶瓷双列直插 封装
		M	存储器	54/74S×××	R	−55～85℃	J	黑瓷双列直插封装
		μ	微型机电路	54/74LS×××	M	−55～125℃	P	塑料双列直插封装
		F	线性放大器	54/74AS×××	…		S	塑料单列直插封装
		W	稳压器	54/74ALS×××			T	金属圆壳封装
		D	音响、电视电路	54/74F×××			K	金属菱形封装
		B	非线性电路	CMOS 分为：			C	陶瓷芯片载体封装
		J	接口电路	4000 系列			E	塑料芯片载体封装
		AD	模/数转换器	54/74HC×××			G	网格针栅阵列封装
		DA	数/模转换器	54/74HCT×××			…	
		SC	通信专用电路	…			SOIC	小引线封装
		SS	敏感电路				PCC	陶瓷芯片载体封装
		SW	钟表电路				LCC	陶瓷芯片载体封装
		SJ	机电仪电路					
		SF	复印机电路					
		…						

注：74—国际通用 74 系列（民用），54—国际通用 54 系列（军用）；H—高速；L—低功耗；S—肖特基；LS—低功耗肖特基；ALS—先进的低功耗肖特基。

示例：

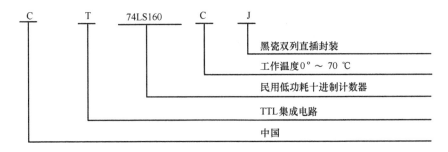

C　　T　　74LS160　　C　　J

- 黑瓷双列直插封装
- 工作温度0°～ 70 ℃
- 民用低功耗十进制计数器
- TTL集成电路
- 中国

1.3.3 集成电路外引线的识别

使用集成电路前，必须认真查对和识别集成电路的引脚，确认电源、地、输入、输出、控制等端的引脚号，以免因错接而损坏器件。

识别圆型集成电路时，面向引脚正视，从定位销顺时针方向数，依次为 1、2、3、4……如图 1.12（a）所示。圆型多用于模拟集成电路。

识别扁平和双列直插型集成电路时，将文字符号标记正放，引脚向下（有的集成电路上有一圆点或旁边有一缺口作为记号，将缺口或圆点置于左方），由顶部俯视，从左下角起，按逆时针方向数，依次为 1、2、3、4……如图 1.12（b）所示。扁平型多用于数字集成电路，双列直插型广泛应用于模拟和数字集成电路。

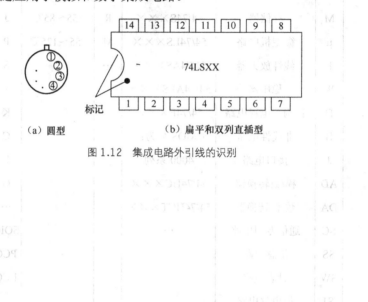

（a）圆型　　　　　　　　　　（b）扁平和双列直插型

图 1.12　集成电路外引线的识别

第 **2** 章 电子测量基础知识

2.1 概述

2.1.1 电子测量的内容和特点

1. 电子测量的内容

电子测量是指以电子技术为基本手段的一种测量方法。它是测量学和电子学相互结合的产物。电子测量的基本内容是对各种电量、电信号及电路元器件的特征和参数进行测量，即电量测量。除此之外，还可通过多种传感器对非电量进行测量，这里只介绍电量测量。

电量测量一般分以下几类。

（1）电能量测量——对各种电压、电流、功率进行的测量。

（2）电信号测量——对波形、频率、周期、相位、失真度、调幅度、调频指数及数字信号的逻辑状态进行的测量。

（3）电路元件参数测量——对电阻、电感、电容、阻抗、品质因数及电子器件的参数进行的测量。

（4）电子设备的性能测量——对电子设备的增益、衰减、灵敏度、频率特征、噪声指数进行的测量。

上述各种测量中，电压、频率（或时间）、阻抗、相位等参数的测量，是最基本、最重要的测量，它们往往是其他参数测量的基础。如放大器的增益测量实际上就是其输入、输出电压的测量；脉冲信号波形参数的测量可归结为电压和时间的测量。许多情况下电能测量是不方便的，就以电压和电流的测量来代替。

2. 电子测量的特点

与其他一些测量方法相比，电子测量具有以下几个明显特点。

（1）测量频率范围极宽，低至 10^{-6}Hz 以下，高至 10^{12}Hz 以上。

（2）测量量程宽，如地面接收到的宇宙飞船自外空发来的信号功率低到 10^{-14}W，而远程雷达发射的脉冲功率则高达 10^8W 以上。

（3）测量准确度高，特别是对频率和时间的测量，由于采用了原子频标和原子秒作为基准，准确度可达到 $10^{-13} \sim 10^{-14}$ 的量级。

（4）测量速度快。由于电子测量是基于电子运动和电磁波的传播，加之现代测试系统中高速电子计算机的应用，使得测量速度及测量结果的处理和传输都以极高的速度进行。

（5）可以进行遥测，这同样是由于电子测量是通过电子运动和电磁波的传递来进行工作的。

（6）易于实现测试智能化和自动化。

2.1.2　电子测量的一般方法

一个物理量的测量可以通过不同的方法来实现。测量方法选择得正确与否，直接关系到测量结果的准确度。好的测量方法可以弥补测量仪器精度差的不足，取得令人满意的结果，而不正确或错误的测量方法，除了得不到正确的结果外，还可能会损坏测量仪器。因此，在测量前，必须根据不同的测量对象、测量要求和测量条件，选择正确的测量方法和合适的测量仪器。

1．测量方法的分类

测量方法的分类形式有多种，下面只介绍两种常用的分类方法。

（1）按测量过程分类，可分为直接测量、间接测量和组合测量。

直接测量是指直接从测量仪表的读数获取被测量值的方法，具有简单迅速的特点，被广泛采用。

间接测量是利用直接测量的量与被测量之间的函数关系，间接得到被测量值的测量方法。如通过测电阻上的压降和流过电阻的电流，根据公式 $P=IU$，经过计算，间接得到电阻 R 的功耗。间接测量常用于直接测量不方便或间接测量的结果比直接测量更准确的情况。

组合测量：当某项测量结果需用多个未知参数表达时，可通过改变测量条件进行多次测量，根据所测量与未知参数间的函数关系列出方程组并求解，进而得到未知量。一个典型的例子是电阻器温度系数的测量，已知电阻器值 R_t 与温度 t 的关系为

$$R_t = R_{20} + \alpha(t-20) + \beta(t-20)^2$$

式中：R_{20} 为 $t=20℃$ 时的电阻值，一般为已知量。我们只需在两个不同温度 t_1、t_2 下测出相应的阻值 R_{t1}、R_{t2}，即可通过解联立方程

$$\begin{cases} R_{t1} = R_{20} + \alpha(t_1-20) + \beta(t_1-20)^2 \\ R_{t2} = R_{20} + \alpha(t_2-20) + \beta(t_2-20)^2 \end{cases}$$

得到温度系数 α、β 的值。

（2）按测量方式分类，可分为直读测量法、零位式测量法和微差式测量法。

直读测量法又称偏差式测量法，是直接从测量仪器的刻度线（或显示屏）上读出测量结果的方法。

零位式测量法又称平衡式测量法，测量时用被测量与标准量相比较，用指零仪表指示被测量与标准量平衡，从而获得被测量值，一个典型例子就是用惠斯登电桥测量电阻。

微差式测量法是偏差测量法和零位式测量法相结合，通过测量被测量与标准量之差（通

常该值很小）来得到被测量值的方法，如图 2.1 所示。只要差值 δ 足够小，这种测量的准确度就基本上取决于标准量的准确度。

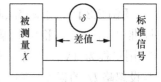

图 2.1 微差法测量示意图

2. 测量方法的选择原则

在选择测量方法时，要综合考虑这些主要因素：被测量本身的特性、所要求的测量准确度、测量环境和现有测量仪器。在此基础上，选择合适的测量仪器和正确的测量方法，使测量在满足要求精度的前提下，尽可能简单、快捷、低成本。

【例 2.1】 图 2.2 是放大器输入电阻的测量示意图。R_i 为放大器的输入电阻，R 为已知电阻，A_u 为放大器的电压放大倍数，$U_o = A_u U_i$。测量 R_i 通常的方法是：在保持 U_s 不变的情况下，测出开关 K 断开时的 U_s 和 U_i，由分压关系式 $U_i = \dfrac{R_i}{R + R_i} U_s$，有

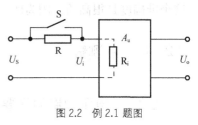

图 2.2 例 2.1 题图

$$R_i = \frac{U_i}{U_s + U_i} R$$

如果将测得的数据代入后，计算出的 R_i 值很大，接近甚至超过了所使用的万用表的内阻 r_0，则这个测量结果是不正确的。因为所测的输入电阻与万用表内阻相近的话，直接测量 U_i 将有很大的误差，这时，应使用内阻更大的万用表，如数字电压表。如果没有其他电压表可用，或者 R_i 的值很大（如场效应管放大电路的输入阻抗），接近数字电压表或晶体管毫伏表的电阻，则应放弃这种测量方法，设计另一种测量方法。一种简明的方法是，通过测量输出电压 U_o 来间接测出输入电阻。

S 合上时

$$U_o = A_u U_s$$

S 断开时

$$U'_o = A_u \frac{R_i}{R_i + R} U_s$$

U_s、A_u 不变，由 U_o、U'_o 即可求出

$$R_i = \frac{U'_o}{U_o - U'_o} R$$

【例 2.2】 M890 系列数字万用表测量直流电压、直流电流和电阻的精度分别为 0.55%、0.8% 和 0.8%，用 3 种方案进行功率的间接测量：①$P = IU$；②$P = U^2/R$；③$P = I^2 R$。

根据误差合成公式，

方案①的误差：$\dfrac{\Delta P}{P} = \dfrac{\Delta I}{I} + \dfrac{\Delta U}{U} = 0.5\% + 0.8\% = 1.3\%$

方案②的误差：$\dfrac{\Delta P}{P} = 2\dfrac{\Delta U}{U} + \dfrac{\Delta R}{R} = 2 \times 0.5\% + 0.8\% = 1.8\%$

方案③的误差：$\dfrac{\Delta P}{P} = 2\dfrac{\Delta I}{I} + \dfrac{\Delta R}{R} = 2 \times 0.8\% + 0.8\% = 2.4\%$

可见第一种方案具有最小的合成误差。

【例 2.3】 用微差法测量稳压电源的稳定度。如图 2.3 所示，标准电压源 U_s 与稳压电源的输出电压 U_o 相近，电阻 R 上的电压 U_1 用量程为 1V、准确度等级 S=1.5 的电压表测量，设 U_s=25V，假设忽略 U_s 的误差，则 U_o 的绝对误差

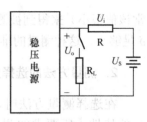

图 2.3 稳压电源稳定度的测量

$$\Delta U_o = \Delta U_1 = 1.5\% \times 1 = 0.015V$$

最大相对误差为

$$\frac{\Delta U_o}{U_o} = \frac{0.015}{25} = 0.06\%$$

这个准确度是很高的，因为所用测量仪表的等级仅为 1.5 级。

2.2 电压的测量

2.2.1 电压测量的重要性和特点

在电子测量领域中，电压是最基本的参数之一，电压测量是电子测量中最基本的内容。许多电参数（如增益、频率特性、电流、功率、调幅度等）都可视为电压的派生量，各种电路工作状态（如饱和、截止等）通常都以电压的形式反映出来。在非电量测量中，多利用各种传感器将非电参数转为电压参数进行测量，不少测量仪器都用电压来表示。最为重要的是电压测量直接、方便，将电压表并接在被测电路上，只要电压表的输入阻抗足够大，就可以在几乎不影响电路工作状态的前提下获得满意的测量结果。作为比较，电流测量就不具备这些优点。首先，它要将电流表串接在被测支路中，很不方便；其次，电流表的内阻将改变电路的工作状态，使测得值不能真实反映电路的原状态。因此，可以说电压的测量是许多电参数测量的基础，电压的测量对调试电子电路来说是必不可少的。

电子电路中电压测量的特点介绍如下。

1．频率范围宽

电子电路中电压的频率可以从直流到数百兆赫范围内变化。对于甚低频或高频范围的电压测量，一般万用表是不能胜任的。

2．电压范围广

电子电路中，电压范围由微伏到千伏以上高压。对于不同的电压挡级，必须采用不同的电压表进行测量。例如，用数字电压表可测出 $10^{-9}V$ 数量级的电压。

3．存在非正弦量电压

被测量除了正弦电压外，还有大量的非正弦电压。如用普通仪表测量非正弦电压，将造成测量误差。

4．要求测量仪器有高输入阻抗

电子电路一般是高阻抗电路，为了使仪器对被测电路的影响减至足够小，要求测量仪器

有较高的输入电阻。

5．存在干扰

电压测量易受外界干扰影响。当信号电压较小时，干扰往往成为影响测量精度的主要因素。因此，高灵敏度电压表必须具有较高的抗干扰能力。测量时也要特别注意采取一定的措施（如正确的接线方式、必要的电磁屏蔽等），以减少外界干扰的影响。

此外，在测量电压时，还应考虑输入电容的影响。

上述情况，如果测量精度要求不高，用示波器常常可以解决。如果测量精度要求较高，则要全面考虑，选择合适的测量方法，合理选择测量仪器。

2.2.2　交流电压测量

按工作原理分类，指针式交流电压表可分为检波-放大式、放大-检波式及外差式 3 种类型。通常使用的晶体管毫伏表（如 DA-16 型）是放大-检波式的交流电压表，被测电压经放大后送至全波检波器，通过电流表的平均电流 I_{av} 正比于被测电压 u 的平均值 U_{av}。由于正弦波应用广泛，且有效值具有实用意义，所以交流电压表通常都按正弦波有效值刻度。

常用晶体管毫伏表的检波器虽然呈平均值响应，但是，其面板指示仍以正弦电压有效值刻度。

为了便于讨论由于波形不同所产生的误差，我们先定义波形因数

$$K_F = \frac{\text{有效值}}{\text{平均值}} = \frac{U}{U_{av}}$$

正弦波的 $K_F \approx 1.11$（即电压表读数 $a = K_F U_{av} \approx 1.11 U_{av}$）。由此可知，用 DA-16 型晶体管毫伏表测量非正弦波电压时，因各种波形电压的 K_F 值不同（见表 2.1），将产生较大的波形误差（测量误差）。当用晶体体管毫伏表分别测量方波和三角波电压时，若电表均指示在 10V 处，就不能简单地认为此方波、三角波的有效值就是 10V，因为指示值 10V 为正弦波有效值，其正弦波的平均值 $U_{av} \approx 0.9 \times 10 \approx 9V$，此数值即为被测电压经整流后的平均值，代入波形因数定义式得：方波的有效值为 $1 \times 9 = 9V$；三角波的有效值为 $1.15 \times 9 = 10.35V$。另外，当测量放大器的动态范围小于 U_{opp} 时，由于波形已是非正弦波，若用晶体管毫伏表读出有效值再乘以 $2\sqrt{2}$，得到放大器的动态范围 U_{opp} 值，显然有较大的波形误差，因此，通常是直接从示波器定量测出 U_{opp} 值。

使用交流电压表还需注意下列问题。

（1）频率范围要与被测电压的频率配合。例如，DA-16 型晶体管毫伏表的频率范围为 20Hz～1MHz，因此，测量放大器的幅频特性时，若放大器的 f_H、f_L 超过上述频率范围，就应该另选更宽频率范围的交流电压表进行测量。此外，还应注意普通万用表测交流电压时的频率范围。例如，模拟万用表 MF-30 型的范围为 45Hz～1kHz，MF-47 型的范围为 40～400 Hz，数字万用表 TD890 型的范围为 40Hz～400kHz，DT9908 型的范围为 40Hz～2kHz，F707 型的范围为 40Hz～50kHz。

（2）要有较高的输入阻抗。这是因为测量仪器的输入阻抗是被测电路的负载之一，它将影响测量精度。

（3）将 DA-16 型晶体管毫伏表作电平表使用时，其测量电平范围为 -72～+32dB（负载

为 600Ω）。若被测电路的阻抗为 600Ω 左右时，面板刻度值的 dB 数加（减）量程开头所处位置的 dB 值，即为所测电平值。

（4）需要正确测量失真的正弦波和脉冲波的有效值时，可选用真有效值电压表，如 DA-24 型电压表。

2.3 频率、相位差的测量

2.3.1 频率的测量

测量频率的方法有很多种，这里只介绍两种实验室最常用的方法。

1. 频率计测量法

采用数字频率计测量频率，是既简单又准确的一种方法。测量时要注意的是信号电压大小要在频率计的测量范围内，否则会损坏频率计。信号电压过小，则需放大后测量；信号电压过大要衰减，否则显示值不准确或不显示。

表 2.1　　　　　　　　　几种交流电压的波形参数

波形		峰值	有效值 U	整流平均值 U_{av}	波形因数 $K_F = \dfrac{U}{U_{av}}$	波峰因数 K_P
正弦波		U_m	$\dfrac{U_m}{\sqrt{2}} = 0.707U_m$	$\dfrac{2}{\pi}U_m$	$\dfrac{\sqrt{2}}{2}\pi = 1.11$	$\sqrt{2}$
全波整流后的正弦波		U_m	$\dfrac{U_m}{\sqrt{2}} = 0.707U_m$	$\dfrac{2}{\pi}U_m$	$\dfrac{\sqrt{2}}{2}\pi = 1.11$	$\sqrt{2}$
三角波		U_m	$\dfrac{U_m}{\sqrt{3}} = 0.577U_m$	$\dfrac{1}{2}U_m$	$\dfrac{2}{\sqrt{3}} = 1.15$	$\sqrt{3}$
锯齿波		U_m	$\dfrac{U_m}{\sqrt{3}} = 0.577U_m$	$\dfrac{1}{2}U_m$	$\dfrac{2}{\sqrt{3}} = 1.15$	$\sqrt{3}$
脉冲波		U_m	$\sqrt{\dfrac{t_p}{T}}U_m$	$\dfrac{t_p}{T}U_m$	$\sqrt{\dfrac{T}{t_p}}$	$\sqrt{\dfrac{T}{t_p}}$
方波		U_m	U_m	U_m	1	1

续表

波形		峰值	有效值 U	整流平均值 U_{av}	波形因数 $K_F = \dfrac{U}{U_{av}}$	波峰因数 K_P
梯形波	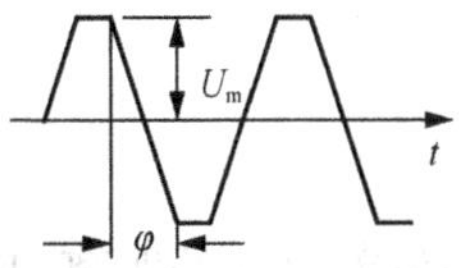	U_m	$\sqrt{1-\dfrac{4}{3}\dfrac{\varphi}{\pi}}U_m$	$\left(1-\dfrac{\varphi}{\pi}\right)U_m$	$\dfrac{\sqrt{1-\dfrac{4}{3}\dfrac{\varphi}{\pi}}}{1-\dfrac{\varphi}{\pi}}$	$\dfrac{1}{\sqrt{1-\dfrac{4}{3}\dfrac{\varphi}{\pi}}}$
白噪声		U_m	$\approx \dfrac{1}{3}U_m$	$\dfrac{1}{3.75}U_m$	$\sqrt{\dfrac{\pi}{2}}\approx 1.25$	3

2．示波法

频率也可通过示波器来测量，通常采用的方法是测周期法和李沙育图形法。

测周期法就是通过示波器测得信号的周期 T，利用频率与周期的倒数关系 $f=1/T$，求得所测频率。这种方法虽然简单方便，但精度不高，一般只作估测用。

李沙育图形法的测试过程：示波器在 $X—Y$ 工作模式下，Y 轴接入被测信号，X 轴接入已知频率的信号。缓慢调节已知信号的频率，当两个信号频率成整数倍关系时，示波器就会显示稳定的李沙育图形，根据图形形状和 X 轴输入的已知频率 f_X，按下式求得被测信号频率

$$f_Y = \frac{m}{n}f_X$$

式中：m 为 X 轴向不经过图形中交点的直线与图形曲线的交点数，n 为 Y 轴向不经过图形中交点的直线与图形曲线的交点数，图 2.4 给出了正弦信号的几种李沙育图形。

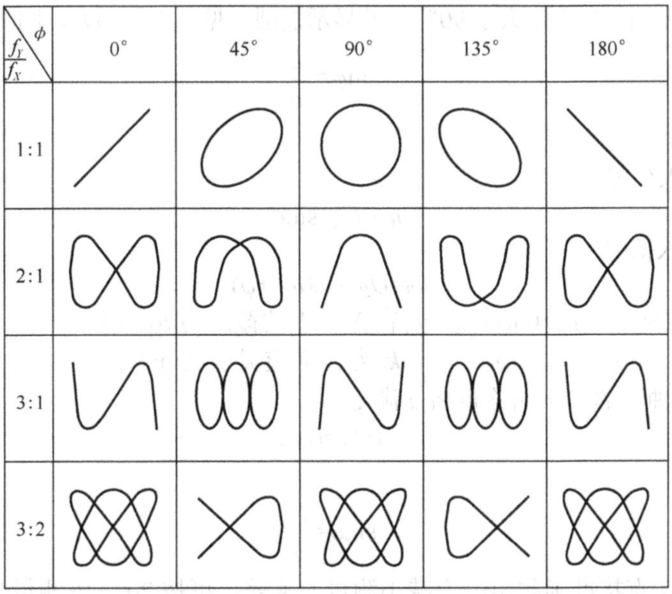

图 2.4 不同频率比和相位差的李沙育图形

李沙育图形法的优点是测量准确度高，但需要准确度比测量精度要求更高的信号源。

2.3.2 相位差的测量

相位差的测量方法也有很多种，用数字相位计测量既简单又准确，但在实验教学中一般采用示波器进行测量。

1. 直接测量法

如图 2.5（a）所示，测出信号周期对应的距离 X_T 和相位差对应的距离 X，则两信号的相位差为：

$$\varphi = \frac{X}{X_T} \times 360°$$

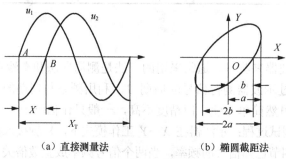

（a）直接测量法　　　　（b）椭圆截距法

图 2.5　相位差的测量

2. 椭圆截距法

将两个被测信号分别接入 X 通道和 Y 通道（示波器在 $X—Y$ 工作模式下），这时示波器显示一个椭圆或一条直线。如为直线，则说明两信号的相位差为 0（直线与 X 轴正向夹角小于 90°）或 180°（直线与 X 轴正向夹角大于 90°）。若显示椭圆（见图 2.5（b）），则两信号的相位差

$$\sin\varphi = \frac{b}{a}$$

公式推导过程如下。

设 Y 通道输入信号

$$u_A = U_{Am}\sin\omega t$$

则 X 通道输入信号

$$u_B = U_{Bm}\sin(\omega t + \varphi)$$

当 $t=0$ 或 $\omega t=n\pi$，即 $u_A=0$ 时，设 u_B 在 X 轴上的截距为 b，则有

$$b \cdot k_x = U_{Bm}\sin\varphi \qquad （k_x 为 X 通道灵敏度开关的读数）$$

由于 u_B 在 X 轴上的最大偏移距离 a 满足

$$a \cdot k_x = U_{Bm}$$

故比较二式可得

$$\sin\varphi = \frac{b}{a}$$

测量时，a、b 无法直接准确测出，为减小测量的误差，可按 $2a$、$2b$ 测量与计算。

第3章 电子电路的组装调试与故障检测技术

3.1 电子电路的组装

3.1.1 面包板的结构

教学实验中，为提高器件的重复利用率，一般在面包板上用插接方式组装电路。因此，在开始电子电路实验前，首先要了解面包板的结构。以常用的 SYB-130 型面包板为例，每块板中央有一凹槽，两边各有 65 列小孔，每列的 5 个小孔是相互连通的，板的上下边各有一排小孔，这是作为电源线和地线的插孔用的。不同型号的面包板，这一排小孔的连通方式是不一样的，130 型是两边各 4 组 20 个小孔连通，中间 3 组 15 个小孔连通；115 型是两边各 3 组 15 个小孔连通，中间 4 组 20 个小孔连通。实验前必须注意这一点，否则会产生电源没接上或没接地的故障。

3.1.2 电路组装

1. 导线的使用

根据面包板插孔的大小，选用直径为 0.5～0.7mm 的单股导线，长度适当，两端绝缘皮剥去 5～7mm，并剪成 45° 角，裸线部分全部插入孔中，以保证接触良好，同时避免因裸线外露而发生短路。为使布线整洁和便于检查，不同用途的导线用不同的颜色，一般用红线接电源正极，黑线接地，蓝线或绿线作信号线，黄线作控制线。

2. 布线的一般原则

（1）尽可能按电路图布线，以有利于调试和测量。

（2）对较简单的电路，按上面电源线、下面地线、左边输入及右边输出的原则布线。

（3）为便于修正电路，更换器件，导线不能跨过集成电路、二极管、电阻等器件，导线之间尽量少交叉。

（4）布线要按顺序进行，先连接电源线和地线，再连接固定使用的规则线（如固定接地或接高电平或接时钟脉冲的连线），最后逐级连接信号线和控制线。

（5）每一根导线都要插紧插牢，并尽量贴近面包板。

3. 器件的安装

为便于检查，在安装器件时，应将有字的一面（正面）朝上，三极管的 3 个管脚要自然垂直插入孔中，集成电路插入时要将定位标记放在左边，管脚不能弯曲，插入时先将所有管脚和小孔对准，再轻轻地均匀用力按下、插紧。拔出时，应用专用工具或用小螺丝刀对撬，均匀用力，垂直向上慢慢拔起，以防受力不均使管脚弯曲折断。

插接器件时，应保证每个管脚都插紧插牢，没有松动现象，插集成电路的插孔需先检查一下是否有损坏的情况，如有损坏，应另换插孔或对其进行修理。

对于大型综合性实验，由于使用器件较多，连接复杂，应将整个实验电路划分为若干个相对独立的部分，先把各部分单独连线，调试正常后，再将各部分联接起来进行统调。

3.2 电子电路的调试

实践证明，一个电子装置即使按照设计的电路参数进行安装，也往往难以达到预期的效果。这是因为人们在设计时，不可能周全地考虑各种复杂的客观因素（如元件值的误差、器件参数的分散性、分布参数的影响等），必须通过安装后的测试和调整来发现和纠正设计方案的不足，然后采取措施加以改进，使装置达到预定的技术指标。因此，调试电子电路的技能对从事电子技术及其有关领域工作的人员来说，是不可缺少的。

调试的常用仪器有：万用表、稳压电源、示波器和信号发生器。

下面介绍一般的调试方法和注意事项。

3.2.1 调试前的检查

电路安装完毕，不要急于通电，先要认真检查一下。检查内容包括以下几项。

（1）连线是否正确。

检查电路连线是否正确，包括错线、少线和多线。查线的方法通常有两种。

① 按照电路图检查安装的线路。

这种方法的特点是：根据电路图连线，按一定顺序逐一检查安装好的线路，由此，可以较容易查出错线和少线。

② 按照实际线路，对照原理电路进行查线。

这是一种以元件为中心进行查线的方法。把每个元器件引脚的连线一次查清，检查每个去处在电路图上是否存在，这种方法不但可以查出错线和少线，还容易查出多线。

（2）元器件安装情况。

检查元器件引脚之间有无短路；连接处有无接触不良；二极管、三极管、集成组件和电解电容极性等是否连接有误。

（3）检查电源供电（包括极性）、信号源连线是否正确。

（4）检查电源端对地（⊥）是否存在短路。

电路经过上述检查，确认无误后，可通电调试。

3.2.2　调试方法

调试包括测试和调整两个方面。所谓电子电路的调试，是以达到电路设计指标为目的而进行的一系列的测量—判断—调整—再测量的反复过程。

为了使调试顺利进行，设计的电路图上应当标明引脚名、引脚号和各点的电位值、相应的波形图及其他主要数据。

调试通常采用先分调后联调（总调）的方法。

我们知道，任何复杂电路都是由一些基本电路组成的，因此，调试时可以循着信号的流程，逐级调整各单元电路，使其参数基本符合设计指标。这种调试方法的核心是把组成电路的各功能块（或基本单元电路）先调试好，并在此基础上逐步扩大调试范围，最后完成整机调试。采用先分调后联调的优点是能及时发现问题和解决问题。新设计的电路一般采用此方法。对于包括模拟电路、数字电路和微机系统的电子装置更应采用这种方法进行调试。因为只有把三部分分开调试，分别达到设计指标，并经过信号及电平转换电路后才能实现整机联调。否则，由于各电路要求的输入、输出电压和波形不匹配，盲目进行联调，就可能造成大量的器件损坏。

除上述方法外，对于已定型的产品和需要相互配合才能运行的产品也可采用一次性调试。

按照上述调试电路原则，具体调试步骤如下。

1．通电观察

把经过准确测量的电源接入电路，观察有无异常现象（包括有无冒烟，是否有异常气味、手摸元器件是否发烫、电源是否有短路等）。如果出现异常现象，应立即切断电源，等排除故障后再通电。然后测量各路总电源电压和各器件引脚的电源电压，以保证元器件正常工作。

通过通电观察，认为电路初步工作正常，就可转入正常调试。

2．静态调试

交流、直流并存是电子电路工作的一个重要特点。一般情况下，直流为交流服务，直流是电路工作的基础。因此，电子电路的调试有静态调试和动态调试之分。静态调试一般是指在没有外加信号的条件下所进行的直流测试和调整过程。例如，通过静态测试模拟电路的静态工作点，数字电路的各输入端和输出端的高、低电平值及逻辑关系等，可以及时发现已经损坏的元器件，判断电路工作情况，并及时调整电路参数，使电路工作状态符合设计要求。

3．动态调试

动态调试是在静态调试的基础上进行的。调试的方法是在电路的输入端接入适当频率和幅值的信号，并循着信号的流向逐级检测各有关点的波形、参数和性能指标。发现故障现象时，应采取不同的方法缩小故障范围，最后设法排除故障。

测试中不能凭感觉和印象，要始终借助仪器观察。使用示波器时，最好把示波器的信号输入方式置于"DC"挡，通过直流耦合方式，可同时观察被测信号的交流、直流成分。

通过调试，最后检查功能块和整机的各种指标（如信号的幅值、波形形状、相位关系、增益、输入阻抗和输出阻抗等）是否满足设计要求，如有必要，可进一步对电路参数提出合理的修正。

调试时出现故障，要认真查找故障原因，切不可一遇故障就拆掉线路重新安装。因为重新安装的线路仍可能存在各种问题，如果是原理上的问题，即使重新安装也解决不了。我们应当把查找故障、分析故障原因看成是一次极好的学习机会，通过它来不断提高自己分析问题和解决问题的能力。

3.3 检查故障的方法和步骤

电子实验的一个显著特点就是几乎不可避免地会发生电路故障。检查和排除电路故障是实验的重要内容之一。能否迅速、准确地排除故障，反映了实验者基本知识和基本技能的水平。在实验中，只有完全掌握了电路的工作原理，并计算出各点静态工作电压和信号电压后，才能够检查和排除电路故障，进而进行调试。电子实验是完全要由理论指导的实践。

3.3.1 检查故障的方法

查找故障的顺序可以从输入到输出，也可以从输出到输入。查找故障的一般方法有以下几种。

1. 直接观察法

直接观察法是指不用任何仪器，利用人的视觉、听觉、嗅觉、触觉等手段来发现问题，寻找和分析故障。

出现故障后，首先检查电源电压的大小和极性是否符合要求，再检查电解电容的极性，二极管和三极管的管脚，集成电路的引脚有无错接、漏接、互碰等情况，元器件有无发烫、冒烟等现象。

2. 用万用表检查静态工作点

电子电路的供电系统，二极管、三极管、集成电路的直流工作状态，线路中的电阻值等都可用万用表测定。当测得值与正常值相差较大时，经过分析可找到故障。现以图 3.1 所示的两级放大器为例来说明。要求通过调整 R_{W1}、R_{W2}，使静态工作点调至 $U_{E1}=2.0V$，$U_{E2}=1.9V$，实验调测时，U_{E1}、U_{E2} 虽有变化，但 U_{E1} 始终大于 2V，U_{E2} 始终小于 1.9V，而两只三极管的 U_{BE} 均为 0.64V，这表明两只三极管均正常工作。现在 U_{E1} 始终偏大，说明第一级基极电位 U_{B1} 偏高，基极电流偏大，这就要从影响 U_{B1} 的电阻 R_{W1}、R_{b11}、R_{b12} 中去寻找原因，最有可能的是将 R_{W1} 接错，边上两只固定脚一起接到 12V 电源上，这样 R_{W1} 的调节范围就只有 0～25kΩ，从而使 U_{B1} 始终偏大，进而使 U_{E1} 始终偏大。也有可能是 R_{b12} 断开没接上，从而使基极电流始终偏大，进而使 I_{E1}、U_{E1} 始终偏大。用同样的方法分析第二级的基极电位，故障的原因是 R_{b21} 偏大或 R_{b22} 偏小，可能是 R_{b21} 错用 51kΩ 电阻，或 R_{b22} 错用 510Ω 电阻，更换正确的电阻后，就能正常调节工作点了。

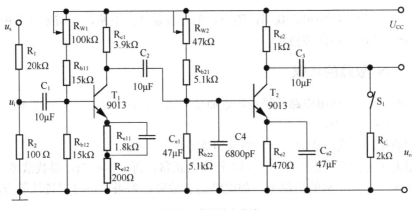

图 3.1　多级放大电路

顺便指出，静态工作点也可以用示波器"DC"输入方式测定。使用示波器的优点：内阻高，能同时看到直流工作状态和被测点上的信号波形，以及可能存在的干扰信号及噪声电压等，更有利于分析故障。

3．信号寻迹法

对于各种较复杂的电路，可在输入端接入一个一定幅值、适当频率的信号（如对于多级放大器，可在其输入端接入 $f=1\mathrm{kHz}$ 的正弦信号），用示波器由前级到后级（或者相反）逐级观察波形及幅值的变化情况，如哪一级异常，则故障就在该级或下一级作为前级负载的那部分。为进一步弄清故障到底发生在哪一级，可将这两级间的耦合电路断开，断开后若前一段仍不正常，则故障就在前一级；若前一级工作恢复正常，则说明故障发生在耦合电路或下一级输入电路部分。

4．对比法

怀疑某一电路存在问题时，可将此电路的参数和工作状态与相同的正常电路的参数（或理论分析的电流、电压、波形等）一一进行对比，从中找出电路中的不正常情况，进而分析故障原因，判断故障点。

5．部件替换法

有时故障比较隐蔽，往往不能一眼看出，如这时手头有与故障仪器同型号的仪器，可以将仪器中的部件、元器件、插件板等替换有故障仪器中的相应部件，以便于缩小故障范围，进一步查找故障。

6．旁路法

当有寄生振荡现象产生时，可以利用适当容量的电容，选择适当的检查点，将电容临时跨接在检查点与参考接地点之间，如果振荡消失，表明振荡就产生在此附近或前级电路中。否则就在后面，再移动检查点寻找之。

应该指出的是，旁路电容要适当，不宜过大，只要能较好地消除有害信号即可。

以上仅列举了几种常用的方法。这些方法的使用可根据电路和故障情况灵活运用。对于简单的电路，用一种方法即可查找出故障点，但对较复杂的电路，则需采取多种方法相互补充，相互配合，才能找出故障点。

3.3.2 检查故障的步骤

为了迅速、准确地找出电路故障点，进而排除故障，还要遵循一定的步骤。寻找、排除电路故障的一般步骤如下。

① 先用直接观察法，排除、分析明显的故障。

② 再用万用表检查静态工作点，如工作点不正常，再分析原因，寻找故障点。

③ 在静态工作点正常的情况下，如电路仍有故障，则采用信号寻迹法等方法，逐级检查交流通道。

④ 找到出故障的元器件后，如属用错器件，只要更换正确的器件即可；如属烧坏、损坏，则还要进一步分析损坏的原因，从根本上解决问题，以保证修复后的电路的稳定性和可靠性。

⑤ 修复的电路通电试验，测试各项技术指标，看其是否达到设计要求。

应当指出，对于反馈环内的故障诊断是比较困难的。在这种闭环回路中，只要有一个元器件（或功能块）出故障，则往往整个回路中处处都存在故障现象。寻找故障的方法是先把反馈回路断开，使系统成为一个开环系统，然后再接入一适当的输入信号，利用信号寻迹法逐一寻找发生故障的元器件（或功能块）。例如，图 3.2 是一个带有反馈的方波和锯齿波电压产生器电路，A_1 的输出信号 u_{o1} 作为 A_2 的输入信号，A_2 的输出信号 u_{o2} 作为 A_1 的输入信号，也就是说，不论 A_1 组成的过零比较器或 A_2 组成的积分器发生故障，都将导致 u_{o1}、u_{o2} 无输出波形。寻找故障的方法是，断开反馈回路中的一点（如 B_1 点或 B_2 点），假设断开 B_2 点，并从 B_2 点与 R_7 连线端输入一适当幅值的锯齿波，用示波器观测 u_{o1} 输出波形应为方波，u_{o2} 输出波形应为锯齿波，如果 u_{o1}（或 u_{o2}）没有波形或波形出现异常，则故障就发生在 A_1 组成的过零比较器（或 A_2 组成的积分器）电路上。

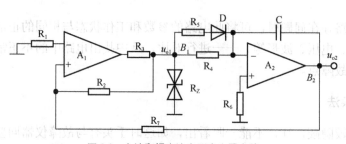

图 3.2 方波和锯齿波电压产生器电路

3.4 电子电路的干扰及抑制

电子电路工作时，往往有一些令人头痛的干扰电压或电流。由于大多数电子电路都是在弱电流下工作的，尤其是 CMOS 集成电路是在微安级电流下工作，再加上电子器件与电路的灵敏度很高，因此，电子电路很容易因干扰而导致工作失常。

干扰是电子电路稳定可靠工作的大敌，尤其是在工作条件恶劣、干扰源很强且复杂的场合中，因此，干扰与抗干扰成为电子电路设计中的一个非常重要的内容。然而，抗干扰设计往往是电子电路设计者最感头痛的难题，原因是它与具体电路和具体应用环境有着密切的关系。在甲电路中有效的抗干扰措施，未必能在乙电路中奏效。因此，设计者必须结合具体情况，在实践中去解决干扰问题。

下面介绍电子电路中一些常见的干扰和抗干扰措施。

3.4.1 电子电路中常见的干扰

干扰都有源，干扰源可来自电子系统内部，亦可来自电子系统外部。电子系统内的噪声信号，尤其是功率级内高频振荡电路和功率级开关电路所产生的噪声信号是构成系统内部干扰的主要干扰源。电子系统周围的大功率电子设备（如大功率电机、电焊机、高频炉、电弧炉、负荷开关、大功率发射设备等）的启停，以及自然雷电所产生的干扰信号则构成电子系统外部干扰的主要干扰源。

干扰源是客观存在，在工业现场往往是不可避免的，不可能为了电子电路的可靠运行而去清除干扰源，只能是适应环境，抑制干扰，加强电子系统的抗干扰能力，以保证电子电路的可靠运行。

抗干扰技术主要是在干扰进入电子系统的通道上来采取抑制措施。根据干扰传播通道，干扰主要分为：

① 来自电网的干扰；
② 来自地线的干扰；
③ 来自信号通道的干扰；
④ 来自空间电磁辐射的干扰。

上述 4 种干扰，危害性最大的是来自电网的干扰和来自地线的干扰，其次为来自信号通道的干扰，而来自空间电磁辐射的干扰一般不太严重，只要电子系统与干扰源保持一定距离或采取适当的屏蔽措施（如加屏蔽罩、屏蔽线等），就可基本上解决。因此，下面只重点介绍前面 3 种干扰及其抗干扰措施。

3.4.2 常见的抗干扰措施

1. 电网干扰及抗干扰措施

众所周知，大多数电子电路的直流电源都是由电网交流电源经整流滤波、稳压后提供的。若此电子系统附近有大型电力设备接于同一个交流电源线上，那么，电力设备的启停将产生频率很高的浪涌加在 50Hz 的电网电压上。此外，雷电感应亦在电网上产生强烈的高频浪涌电压，其幅值可以达到电网电压的几倍以至几十倍。这些干扰信号沿着交流电源线进入电子系统，可干扰电子电路的正常工作。

为了防止这些从交流电源线引入的干扰，常见措施（见图 3.3）如下。

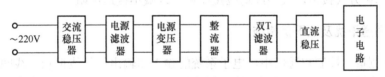

图 3.3 抗电源干扰的措施

① 交流稳压器。交流稳压器用来保证供电的稳定性，防止电源系统的过压与欠压，有利于提高整个电子系统的可靠性。由于交流稳压器比较贵，在一些小型电子电路中一般不用，只用于较大型的电子系统，以及抗干扰要求较高的场合。

② 电源滤波器。它接在电源变压器之前，其特性是让交流50Hz 基波通过，而滤去高频干扰信号，改善电源波形。一般小功率的电子电路可采用小电感和大电容构成的滤波网络。在市面上可以买到体积小、价格合理的电源滤波器。

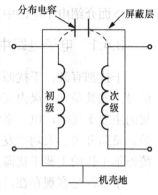

图 3.4 带屏蔽层的电源变压器

③ 带有屏蔽层的电源变压器。由于高频干扰信号通过电源变压器的主要传播通道是初级线圈与次级线圈之间的分布电容，而不是初次级之间的电磁耦合，因此，在初次级线圈之间加一个金属屏蔽层，并将屏蔽层接机壳地（不是电路的地），可有效地减小分布电容值，从而有效地抑制高频干扰信号通过电源变压器进入次级，如图 3.4 所示。这是最常见的抗电源干扰措施。

④ 双 T 滤波器（如图 3.5 所示）。它用于整流电路之后，其特性是阻止 50Hz 工频干扰或其他固定频率的干扰信号进入电子电路。

双 T 电路参数计算公式为 $f_0 = \dfrac{1}{2\pi RC}$。若欲阻止 50Hz 工频干扰，则选 $f_0 = 50Hz$。在抗干扰要求不高的场合，可以不采用此抗干扰措施，以免增加电路的复杂性。

⑤ 采用 0.01~0.1μF 的无极性电容，并接到直流稳压电路的输入端和输出端及集成块的电源引脚上，用以滤掉高频干扰。

2．地线干扰及抗干扰措施

地线干扰是存在于电子系统内的干扰。由于电子系统内各部分电路往往共用一个直流电源，或者虽然不用同一个电源，但不同电源之间往往共一个地，因此，当各部分电路的电流均流过公共地电阻（地线导体电阻）时便产生电压降，此电压降便成为各部分之间相互影响的噪声干扰信号，即所谓地线干扰。抗这种干扰的措施有以下几种。

① 尽量采用一点接地，即各部分的地自成一体后再分别接到公共地的一点上，印刷电路板上采用此方法不太方便布线，而都采用串联接法。为了减少地线噪声干扰，可适当加大地线宽度。

② 强信号电路（即功率电路）和弱信号电路的地应分开，然后再一点接公共地。

③ 模拟地和数字地也应分开，然后再一点接公共地，切忌两者交叉混连。

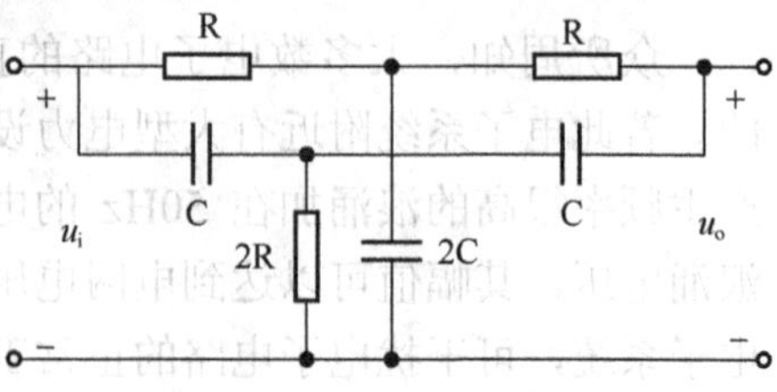

图 3.5 双 T 滤波器

④ 不论哪种方式接地，接地线均应短而粗，以减小接地电阻。

3．信号通道干扰及抗干扰措施

在远距离测量、控制和通信中，电子系统的输入和输出信号线很长，线间距很近，信号在此长线的传输过程中很容易受到干扰，导致所传输的信号发生畸变或失常，从而影响电子电路的正常工作，因此，必须予以足够的重视。

长线信号传输所遇到的干扰有以下几种。

① 周围空间电磁场对长线的电磁感应干扰。信号线越长及周围电磁场越强，则干扰强度越大。

② 信号线间的串扰。当强信号线（或信号变化速度很快的线）与弱信号线靠得很近时，通过线间分布电容和互感产生线间干扰。信号线间距越近和线越长，串扰强度越大。

③ 长线信号的地线干扰。信号线越长表明信号源（或负载）与电子系统的距离越远，则信号地线也越长，即地线电阻较大，会导致信号源的地与电子电路的地不是等电位，而形成较大的电位差，此电位差构成长线信号的地线干扰信号。

针对上述信号通道上的干扰，常见的抗干扰措施有以下几种。

① 使用双绞线传输。

使用双绞线传输即每个信号都采用两条互绞的线进行传输，其中一条是信号线，另一条是地线，如图 3.6（a）所示。双绞线是抑制空间电磁干扰、线间干扰和信号地线干扰最有效且简便的方法。首先，因为空间电磁场在每个绞环内产生的感应电动势是相同的，但对每一条线来说，感应电动势可相互抵消，如图 3.6（b）所示，因此，不会对传输的信号线产生影响。其次，信号电流在两条线上大小相等、方向相反，所以双绞线对其他信号线的互感为零，抑制了干扰。再者，各个信号的地线是单独的，可有效地抑制信号之间通过地线的干扰。

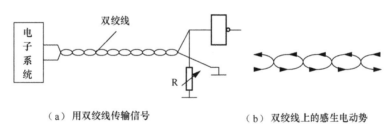

（a）用双绞线传输信号　　　　（b）双绞线上的感生电动势

图 3.6　双绞线传输信号

值得指出的是：

长线传输还应注意阻抗匹配，即负载阻抗与双绞线特性阻抗之间的匹配，否则会产生传输反射，使信号失真。图 3.6（a）中的电阻 R 即为阻抗匹配而设置的可调电阻。

电子系统内信号线之间亦存在串扰的问题，不过由于线短，其影响较小。但应注意高频和强信号线应与弱信号线分开走。

② 采用光电耦合传输。

光电耦合器如图 3.7 所示。它由发光二极管 D 和光敏三极管 T 组成，两者相互绝缘地密封在一起。信号从发光二极管一方输入，使 D 发光，然后光照到光敏三极管基极上，使光信号转换成电信号，并从集电极输出。

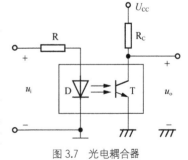

图 3.7　光电耦合器

由此可见，输入方与输出方被隔离开，只有光耦合，而无电的联系。因此，两边的地可以不同，彼此可以独立。

若电子系统的每条输入信号线与输出信号线之间均采用光电耦合器传输信号，则可以有效地抑制信号地线干扰和信号线上的噪声干扰。这是因为两边的地是独立的，所以不存在地线干扰。再者，由于光电耦合器输入阻抗很低（$100\Omega\sim1k\Omega$），而叠加在信号上的噪声信号的内阻很高（$10^5\sim10^6\Omega$），因此，尽管噪声信号的幅值较高，但进入光电耦合器的噪声会很小，只形成很微弱的电流，不足以使发光二极管发光，所以抑制了噪声信号的传输。

光电耦合器有传送数字信号和模拟信号两种类型，传送数字信号的有 GH301、CH331、4N25、P251 等，传送模拟信号的有 ISO-100 等。

第 **4** 章　EWB 及其应用

EWB 是加拿大交互图像有限公司（Interactive Image Technologies Ltd. 现已被美国国家仪器（NI）收购）在 20 世纪 80 年代末推出的电子设计自动化（EDA）软件，它的较新版本称为 Multisim14，属于该公司 EDA 软件套装的一部分。相对其他 EDA 软件而言，EWB 较为小巧，只有 17M 左右，主要是实现模拟电路和数字电路的混合仿真，仿真功能十分强大，几乎可以 100%地仿真出真实电路的结果。EWB 提供了万用表、示波器、信号发生器等常用仪器仪表工具，可以直接从屏幕上看到各种电路的输出波形和性能曲线，特别适合作为电子电路技术的辅助教学软件使用。另外，EWB 的兼容性较好，其文件格式可以和 ORCAD 或 PROTEL 文件格式相互转换，是目前应用较广泛的一种 EDA 软件。

4.1　EWB 简介

4.1.1　EWB 的特色

EWB 的特色介绍如下。

（1）集成一体化的设计环境。EWB 将 Spise 仿真器、原理图编辑工具、测量仪器及分析工具集成在一个菜单系统中，操作简单，容易掌握。

（2）专业的原理图输入工具。用户可以轻松地用鼠标抓取元器件并将它放在原理图中，修改元器件属性非常简单，智能连线使作图更加快捷。

（3）使用 Spice 内核。EWB 采用工业标准的 Spice，与其他 EDA 软件的兼容性好。

（4）虚拟仪器使仿真结果直观。EWB 采用了虚拟仪器技术，仿真电子电路就像在实验室做实验，简单而又直观。软件提供的虚拟仪器有：万用表、示波器、函数发生器、扫频仪、逻辑分析仪、字信号发生器、逻辑转换器。

（5）强大的分析功能。EWB 提供了 14 种不同的分析工具，利用这些分析工具，不仅可以分析所设计电路的工作状态，还可测量它的稳定性和灵敏度。

（6）提供准确的模型。EWB 为有源和无源器件提供了广泛的 Spice 模型库，同时还为数字电路提供了二百多个 TTL 和 CMOS 模型。

4.1.2 EWB 的主窗口

EWB 主窗口由菜单、常用工具按钮、元件选取按钮和原理图编辑窗口组成，如图 4.1 所示。从图中可以看到，EWB 模仿了一个实际的电子工作平台，其中最大的一个区域是电路工作区，在这里可以进行电路的连接和测试。

4.1.3 EWB 的元器件库

EWB 有 12 个元器件库，分别是信号源库、基本元件库、二极管库、晶体管库、模拟集成电路库、混合集成电路库、数字集成电路库、逻辑门库、数字器件库、指示器件库、控制器件库、其他器件库，另外还有自定义器件库。

（1）信号源库包括：地、直流电压源、直流电流源、交流电压源、交流电流源、电压控制电压源、电压控制电流源、电流控制电压源、电流控制电流源、V_{CC}、V_{DD}、时钟、AM、FM、压控正弦波、压控三角波、压控方波、压控单稳态脉冲、分段线性源、压控分段线性源、频移键控源、多项式源和非线性受控源。

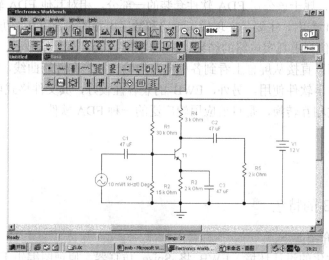

图 4.1　EWB 的主窗口图

（2）基本元件库包括：连接点、电阻、电容、电感、变压器、继电器、开关、时延开关、压控开关、电流控制开关、上拉电阻、可变电阻、排电阻、压控模拟开关、极性电容、可变电容、可变电感、空心线圈、磁芯线圈和非线性变压器。

（3）二极管库包括：普通二极管、稳压二极管、发光二极管、整流桥、肖特基二极管、可控硅二极管、双向稳压二极管和双向可控硅。

（4）晶体管库包括：NPN 和 PNP 型晶体管、N 沟道和 P 沟道结型场效应管、3 端耗尽型 N 沟道和 P 沟道 MOS 管、4 端耗尽型 N 沟道和 P 沟道 MOS 管、3 端增强型 N 沟道和 P 沟道 MOS 管、4 端增强型 N 沟道和 P 沟道 MOS 管、N 沟道和 P 沟道砷化镓场效应管。

（5）模拟集成电路库包括：3 端、5 端、7 端、9 端运放、比较器和锁相环。

（6）混合集成电路库包括：A/D 转换器、电流式数/模转换器、单稳触发器和 555 定时器。

（7）数字集成电路库包括 74 系列和 4000 系列的常用数字电路。

（8）逻辑门库包括：AND、OR、NOT、NOR、NAND、XOR、XNOR、三态缓冲器、缓冲器和施密特触发器。

（9）数字器件库包括：半加器、全加器、RS 触发器、JK 触发器、D 触发器、多路选择器、编码器、译码器、算术单元、计数器、移位寄存器和通用触发器。

（10）指示器件库包括：电压表、电流表、灯泡、逻辑指示探针、七段数码显示器、译码显示器、蜂鸣器、条码显示器和译码条码显示器。

（11）控制器件库包括：微分器、积分器、电压增益模块、传递函数模块、乘法器、除法器、三端电压加法器和各种限幅器。

（12）其他器件库包括：保险丝、数据写入器、子电路网表、有损和无损传输线、石英晶体、直流电动机、电子管、开关电源中的升压、降压和升降压变压器。

4.1.4　EWB 的电路输入方法

EWB 采用电路原理图输入方法，步骤如下。

（1）调入元件：单击鼠标，打开元器件库，选中所需元件，拖至电路工作区，若元件方向不符合要求，使用旋转、水平翻转和垂直翻转等工具将其方向调整合适。

（2）连接线路：将鼠标指向元件引脚，使其出现小圆黑点，按下鼠标左键就可拉出一根线，当此线连接到其他元件的引脚或其他连线上时，会在其上显示出一个小黑点，当小黑点出现后，松开鼠标，就画出了一根连线。用户还可以对导线进行着色以方便观察。

（3）移动和删除元件或连线：拖选中的元件或连线，即可移动元件或连线；用鼠标单击需要删除的元件或连线，然后选择删除工具或使用鼠标右键菜单中的剪切功能，即可删除元件或连线。

（4）设置元件属性：双击元件，即可打开所选元件的元件属性对话框，设置元件参数。

4.1.5　电路的测量和分析

原理图输入完毕，从仪器库中调出所需的虚拟仪器，或从指示器件库中取出电压表或电流表，用连接元件相同的方法连好线，双击仪器图标打开仪器面板，设置好参数，按下屏幕右上角的电源开关，电路就开始工作了，测量数据和波形就会在仪器上显示出来，如图 4.2 所示。

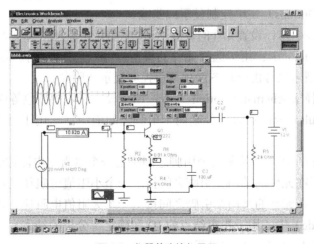

图 4.2　仪器的连接与显示

用分析工具对电路进行分析时，应首先设置分析类型和参数，只有正确选择和设置参数才能得到正确的分析结果，分析结果在显示窗口中显示。

4.2　EWB 软件菜单

EWB 软件的菜单包括文件菜单、编辑菜单、电路菜单、分析菜单、窗口菜单和鼠标右键菜单，下面分别介绍。

4.2.1　文件菜单

文件菜单包括建立电路图文件、打开电路图文件、保存电路图文件和电路图文件转换等。其中 Import 命令可输入 Spice 网表文件（Windows 扩展名为.NET 或.CIR）并形成原理图；Export 命令可将电路原理图文件以扩展名为.NET、.SCR、.BMP、.CIR 和.PIE 的文件存入磁盘，以便其他软件调用。

4.2.2　编辑菜单

编辑菜单中的剪切、粘贴等项功能与其他 Windows 软件中的基本相同，其中 Copy as Bitmap 命令是将原理图以位图方式复制到 Windows 的剪切板，Show Clipboard 命令是显示剪切板内容。

4.2.3　电路菜单

电路菜单除包括操作元件的命令如旋转、水平和垂直翻转元件等外，还包括元件属性、创建子电路和原理图选项方面的命令。

元件属性（Component Properties）命令用于设置或修改元件的参数。元件属性对话框包括如下内容。

（1）标记（Label）卡：输入元件的名字和 ID，元件名可以随意输入和更改，而 ID 则是按照画入元件的顺序由计算机自动加入的，ID 也可以更改，但不能有重复，如对于电阻的 ID 为 R1、R2……对于电容的 ID 为 C1、C2、C3……元件名和 ID 可由原理图选项（Circuit/Schematic Options）菜单控制显示或隐藏。

（2）数值（Value）卡：设置元件的数值。元件数值可由原理图选项菜单控制显示或隐藏。

（3）模型（Model）卡：用于选择元件的模型，可以选择理想模型或真实模型，缺省设置为理想模型，模型名也可由原理图选项菜单控制显示或隐藏。

（4）原理图选择（Schematic Options）卡：用于设置连线的颜色等内容。

（5）错误（Fault）卡：设置元件某两个引脚之间的错误，用于仿真实际电路中的元器件，分三种情况。

泄漏（Leakage）：在元件的某两个引脚之间接上一个电阻使电流被旁路。

短路（Short）：在元件的某两个引脚之间接上一个小阻值电阻使之短路。

开路（Open）：在元件的某两个引脚之间接上一个大阻值电阻使之开路。

（6）结点（Node）卡：用于指定结点的 ID 和确定待分析的结点。

（7）显示（Display）卡：决定显示的内容。

（8）分析设置（Analysis Setup）卡：用于指定分析温度和初始条件。

创建子电路命令（Create Subcircuit）可将电路的全部或部分形成子电路，并可以在本电路中调用。

原理图选项命令（Schematic Options）可以进行栅格（Grid）、显示/隐藏（Show/Hide）、标记字形（Label Font）和数值（Value）等设置工作。

4.2.4　分析菜单

分析菜单用于设置分析等项操作，EWB 提供了 14 种不同功能的分析工具，其中 6 种基本分析——直流工作点分析、交流频率分析、瞬态分析、傅里叶分析、噪音分析和失真分析，4 种扫描分析——参数扫描分析、温度扫描分析、直流灵敏度分析和交流灵敏度分，2 种高级分析——零极点分析和传递函数分析，2 种统计分析——最坏情况分析和蒙特卡罗分析。在分析前，打开分析选择（Analysis Options），设置有关分析计算和仪器使用方面的内容，如迭代次数、分析精度等，对于一般电路仿真不需要设置，可选用默认值，但是当分析中出现不收敛问题时需要重新设置。下面介绍各分析工具。

1. 直流工作点分析（DC Operating point Analysis）

分析电路的静态工作点，在分析过程中，电容被看作开路，电感被看作短路，AC 电源被看作无输出并工作在稳态，分析的结果在窗口中显示。

2. 交流频率分析（AC Frequency Analysis）

交流频率分析即计算电路各节点电压的幅频特性和相频特性。

在进行交流分析之前，软件首先进行 DC 工作点分析以得到非线性元件的交流小信号模型，然后形成复数矩阵。在复数矩阵中，DC 电源看作输出为零，AC 电源、电容和电感使用 AC 模型，非线性元件使用交流小信号模型。在分析中，所有输入信号都自动设置为正弦波，所有输出量都是频率的函数，分析步骤如下。

第一步：选择 AC 分析命令，打开对话框，输入对话框中的条目，如开始频率（Start Frequency）和终止频率（End Frequency）；确定扫描形式（Sweep Type）即 X 轴刻度形式，有十倍频（Decade）、线性（Linear）、倍频（Octave）3 种；确定垂直轴标尺（Vertical Scale）即 Y 轴刻度形式，有线性（Linear）、对数（Log）、分贝（Decibel）3 种；输入扫描点数（Number Point）。

第二步：定义待分析的结点（Node for Analysis）。在电路中的结点（Node in Circuit）栏中选择待分析的结点，单击 "Add"，则该结点便列入待分析的结点（Node for Analysis）栏中，待分析结点栏中各结点的电压曲线可在图形窗口显示。

第三步：单击仿真按钮（Simulate）进行仿真分析，在图形窗口（Analysis Graphs）内显示所选定结点的幅频特性和相频特性，或在示波器中显示电压波形，使用图中的标尺可进行分析计算。

3. 瞬态分析（Transient Analysis）

瞬态分析又称为时域分析，EDA 计算的所有的电路响应都是时间的函数，在计算中，

DC 电源被看作为常数，AC 电源输出与时间相关的数值，电容和电感使用储能模型。

瞬态分析步骤如下。

第一步：选择瞬态分析命令，打开对话框，输入对话框中的条目。

a．初始条件（Initial Conditions）设置。

Set to Zero：初始条件设置为零，则瞬态分析从零开始分析。

User-Defined：使用用户定义的初始条件，分析就从定义的初始条件开始分析。

Calculate DC Operating Point：分析直流工作点，分析结果作为瞬态分析的初始条件。

b．分析设置（Analysis）：开始时间（Start Timed）和结束时间（Endtime）。

c．时间步长选择：可选择自动产生分析步长（Generate Time Step Automatically）或人工设置步长，若选择人工设置步长，还需选择最小时间点数（Minimum Number of Time Point）或最大时间步长（Maxiumn Time Setup）和设置绘图线增量（Plotting Increment）。

d．定义待分析的结点。

第二步：单击仿真按钮（Simulate）进行仿真分析，瞬态分析结果是以时间为横轴的电压或电流曲线，可在图形窗口（Analysis Graphs）中或在示波器中观察分析结果。

4．傅里叶分析（Fourier Analysis）

傅里叶分析用于估算时域信号的直流、基波和谐波分量。该分析对时域信号进行不连续傅里叶变换，分解时域电压波形到频域分量。

5．噪声分析（Noise Analysis）

噪声分析可以检测电子电路输出端的噪声功率，它计算电阻和半导体器件对电路总噪声的贡献。在计算时，假设每一个噪声源是统计不相关的和数值独立的。这样，指定的输出节点上的总噪声就是各个噪声源在该节点产生的噪声之和（有效值）。

6．失真分析（Distortion Analysis）

失真分析用于检测电路中的谐波失真和内部调制失真，若电路中只有一个交流激励源，则分析检测电路中每一个节点的二次和三次谐波复数值；若电路中有两个交流源 f_1 和 f_2，则分析求出电路变量在 3 个不同频率点的复数值，这 3 个频率是：两频率和 f_1+f_2、两频率差 f_1-f_2 及 f_1、f_2 中较大值的二次谐波与较低频率之差。

7．参数扫描分析（Parameter Sweep Analysis）

参数扫描分析就是检测电路中某个元件参数在一定范围内变化时对电路工作点、瞬态特性、交流频率特性的影响。在电路设计中，可以针对电路某一技术指标如电压放大倍数、上限截止频率和下限截止频率等，对电路的某些参数进行扫描分析，确定最佳参数值。

8．温度扫描分析（Temperature Sweep Analysis）

温度扫描分析就是研究不同温度下的电路特性，在 EWB 中主要考虑电阻的温度特性和半导体器件的温度特性。采用温度扫描分析方法可以对放大电路的温度特性进行仿真分析，对电路参数进行优化设计。

9．零极点分析（Pole-Zero Analysis）

该分析用于计算交流小信号传递函数中极点和零点的个数和数值。分析时，首先计算电路的静态工作点以得到所有非线性元件的小信号模型，然后再计算传递函数的极点和零点。

极点和零点用于分析电路的稳定性，如果一个电路的极点都在复平面的右半部，则应该考虑该电路有不稳定因素存在。

10．传递函数分析（Transfer Function Analysis）

传递函数分析就是求解电路的输出电压或输出电流与输入源之间在直流小信号状态下的传递函数。分析时，首先计算电路的静态工作点以得到电路中非线性元件的小信号模型。输出电压可以是任何节点电压，而输入电源必须是独立电源。

11．灵敏度分析（Sensitivity Analysis）

灵敏度分析包括直流灵敏度分析和交流灵敏度分析两种。直流灵敏度分析计算输出节点电压或电流对所有元件参数的灵敏度，而交流灵敏度分析计算输出节点电压或电流对一个元件的灵敏度，这两种分析都是计算元件参数的变化对输出电压或电流的影响。

12．最坏情况分析（Worst Case）

最坏情况分析是一种统计分析，用于求取元件参数变化时电路性能的最坏影响，分析需要多次计算才能完成。第一次计算使用元件的标称值，然后计算每一个参数变化时输出的灵敏度（DC 或 AC 灵敏度），所有灵敏度计算完毕，最后一次计算出最坏情况的分析结果。

13．蒙特卡罗分析（Monte Carlo）

蒙特卡罗分析也是一种统计分析，用于观察电路中的元件参数，按选定的误差分布类型在一定的范围内变化时对电路特性的影响，用这些分析的结果，可以预测电路在批量生产时的成品率。分析时第一次计算使用元件的标称值，随后的计算使用有误差的元件值，误差值取决于误差的分布类型，分析中可使用均匀分布和高斯分布两种误差分布类型。

4.2.5　窗口菜单

窗口菜单用于在屏幕上显示窗口的安排等操作。

4.2.6　鼠标右键菜单

鼠标右键菜单包括以下内容。

（1）一般菜单（鼠标只是放在图形编辑窗口内），内含帮助（Help）、粘贴（Paste）、放大（Zoom in）、缩小（Zoom out）、原理图选择（Schematic Options）等命令。

（2）元件菜单（鼠标放在元件上），内含帮助、剪切、拷贝、删除元件（Delete Component）、旋转元件（Rotate）、垂直翻转元件（Flip Vertical）、水平翻转元件（Flip Horizontal）、元件属性（Component Properties）等命令。

（3）线菜单（鼠标放在被点亮的线上），内含线属性（Wire Properties）、删除线（Delete）等命令。

（4）仪器菜单（鼠标放在仪器上），内含帮助（Help）、打开（Open）、删除仪器

（Delete Instrument）等命令。

（5）元件选取按钮菜单（鼠标放在元件选取按钮上），内含元件属性（Component Properties）、使其成为常用元件（Add to Favorites）等条目。

（6）图形菜单（当鼠标放在图形显示窗口内时），内含文件（File）、编辑（Edit）、开关光标（Toggle Cursors）、开关图例（Toggle Legend）、恢复图形（Restore Graph）等命令。

4.3 EWB 的虚拟仪器

与实物实验室一样，电子测试仪器仪表也是 EWB 虚拟实验室的基本设备。Electronics Workbench 提供了种类齐全的测试仪器仪表。这些仪器仪表包括交直流电压表、交直流电流表、多用表、函数发生器、示波器、扫频仪、逻辑分析仪、字信号发生器、逻辑转换仪等。这些仪器仪表中的交直流电压表和交直流电流表（在指示器件库中），可以像一般元器件一样，不受数量限制，在同一个工作台面上可以同时提供多台使用；其他仪器在同一个工作台面上，只能提供一台使用（Multisim 中无此限制）。仪器仪表接入电路时，连线过程与元器件的连线相同，这时仪器仪表以图标方式接入。需要观察测试数据与波形或者需要重新设置仪器参数时，可以双击仪器图标打开仪器面板。

除扫频仪外的各虚拟仪器仪表，在接入电路并启动电路工作开关后，如果改变其电路中的接入端点，则显示的数据和波形也相应改变，不必重新启动电路。

4.3.1 数字多用表（Multimeter）

数字多用表是一种自动调整量程的数字显示测量结果的多用表。它可以用来测量交直流电压、交直流电流、电阻及电路中两点之间的分贝损耗。

4.3.2 函数发生器（Function Generator）

函数发生器是一种电压信号源，可提供正弦波、三角波、方波 3 种不同波形的信号。

双击函数发生器的图标，可设定函数发生器的输出波形、工作频率、占空比、幅度和直流偏置，频率设置范围为 1Hz～999MHz；占空比调整值范围为 1%～99%；幅度设置范围为 1V～999kV；直流偏置设置范围为-999～999kV。在仿真过程中，改变函数发生器的设置后，必须重新启动一次电源开关，函数发生器才能按新的设置输出信号波形。

4.3.3 示波器（Oscilloscope）

示波器用来显示和测量电信号波形的形状、大小、频率等。其面板如图 4.3 所示。

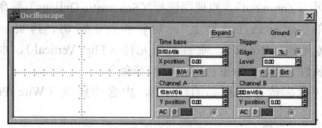

图 4.3 示波器面板

1．时基的设置

Time base 用来设置 X 轴时间基线扫描速度，调节范围为 0.10ns/div～1s/div。

显示方式选择：示波器的显示方式可以在"幅度/时间（Y/T）"、"A 通道/B 通道（A/B）"或"B 通道/A 通道（B/A）"之间选择，其中：Y/T 方式表示 X 轴显示时间，Y 轴显示电压值；A/B、B/A 方式表示 X 轴与 Y 轴都显示电压值，如显示李沙育图形、伏安特性、传输特性等。

2．输入通道的设置

Y 轴电压刻度范围为 10μV/div～5kV/div，根据输入信号大小来选择 Y 轴刻度值的大小，使信号波形在示波器显示屏上显示出合适的幅度。

Y 轴输入方式即信号输入的耦合方式与实际的示波器相同。

3．显示窗口的扩展

用鼠标器单击面板上"Expand"按钮，示波器显示屏扩展，并将控制面板移到显示屏下方，要显示波形读数的精确值时，可将垂直光标拖到需要读取数据的位置，在显示屏幕下方的方框内，显示光标与波形垂直相交处的时间和电压值，以及两点之间时间、电压的差值。

按下面板右下角处的"Reduce"按钮，可缩小示波器面板至原来大小。按下"Reverse"按钮可改变示波器屏幕的背景颜色。按下"Save"按钮可按 ASCⅡ码格式存储波形读数。

4.3.4 扫频仪（Bode Plotter，亦称波特仪）

扫频仪用来测量和显示电路的幅频特性和相频特性，工作频率在 0.001Hz～10GHz 范围内。扫频仪有 IN 和 OUT 两对端口，V+和 V–分别接电路输入端或输出端的正端和负端。使用扫频仪时，必须在电路的输入端接入交流信号源。

（1）工作方式：测量和显示电路的相频特性工作方式。

（2）坐标设置：垂直（Vertical）坐标和水平（Horizontal）坐标控制面板图。在坐标控制面板上，按下"log"按钮，则坐标以对数（底数为 10）的形式显示；按下"linear"按钮，则坐标以线性的结果显示。

水平（Horizontal）坐标标度：水平坐标轴或 X 轴总是显示频率值。它的标度由水平轴的初始值或终值决定。在信号频度范围很宽的电路中，分析电路频率响应时，通常选用对数坐标。

垂直（Vertical）坐标标度：垂直轴的单位和精度跟测量的是大小还是相位差与使用的基准有关。当测量电压增益时，垂直轴显示输出电压与输入电压之比，若使用对数基准，则单位是分贝；如果使用线性基准，显示的是比值。当测量相位时，垂直轴总是以度为单位显示相位角。

（3）坐标数值的读出：要得到特性曲线上任意点的频率、增益或相位差，可用鼠标器拖动位于波特图仪左边的垂直光标，或者用读数指针移动按钮来移动垂直光标到需要测量的点，垂直光标与曲线的交点处的频率和增益或相位角的数值显示在读数框中。

4.4 EWB 应用举例

下面以单管放大电路为例介绍 EWB 的使用。

单管放大电路原理图及其参数如图 4.4 所示，要求：

（1）测量静态工作点 I_{CQ}、U_{CEQ}；

（2）测量电压放大倍数、输入电阻、输出电阻；

（3）分析频率特性，测量截止频率；

（4）对电路进行优化设计，要求在电压放大倍数不低于 40、最大不失真输出电压 U_{oPP} 不小于 2V 的前提下，下限截止频率达到 100Hz。

操作步骤如下。

1. 测量静态工作点 I_{CQ}、U_{CEQ}

（1）输入电路原理图。

打开有关元件库，选择相应的元器件并拖至电路设计窗口中，调整好各元器件的取向和位置后进行连线，连线时要注意各连接点必须是实心的，完成连线后的电路如图 4.4 所示。双击元器件，在元件属性对话框中输入参数值。电流表 M1 和电压表 M2 设置为直流挡（DC 挡），电流表 M3 和电压表 M4 设置为交流挡（AC 挡）。

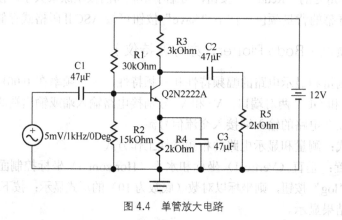

图 4.4 单管放大电路

（2）接通电源开关，可直接测得 I_{CQ}=1.787mA，U_{CEQ}=3.026V。利用分析菜单中的直流工作点分析，将三极管的发射极和集电极作为待分析的结点，读出其电压值后，亦可求出 I_{CQ} 和 U_{CEQ}。

2. 测量电压放大倍数、输入电阻、输出电阻

（1）在图 4.5 中，由于信号源电压为 5mV，内阻为零，因此放大电路的输入电压为 5mV，不必再测量，电流表 M3 用以测量输入电流，电压表 M4 用以测量输出电压，M3、M4 均设置为交流挡。为观察波形，使用示波器，放大电路的输入信号接 A 通道，输出信号接 B 通道，为观察方便，可将示波器与输出端的连线设置为红色，这样，示波器中的输出波形也呈红色。双击示波器图标，打开示波器，再单击示波器面板中的"Expand"放大示波器，设置合适的扫描速度和 Y 轴刻度，如图 4.6 所示。

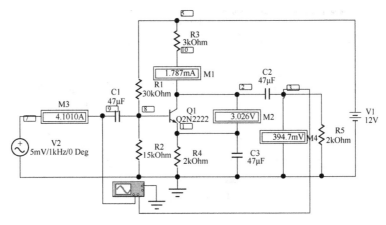

图 4.5 测量仪器的连接

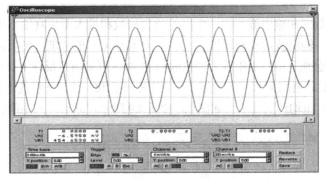

图 4.6 输入、输出波形图

（2）接通电源，观察示波器中的波形，当输出波形无明显失真时，读取 M4 的读数，即可求得电压放大倍数

$$A_u = \frac{U_{R5}}{U_i} = \frac{394.7}{5} \approx 79$$

由 M3 的读数，可求得放大电路的输入电阻

$$r_i = \frac{U_i}{I_i} = \frac{5mV}{4.10\mu A} \approx 1.22k\Omega$$

断开负载电阻 R5，测出此时的输出电压 $U_{o\infty}$ 为 980.3mV，由输出电阻的计算公式可求出放大电路的输出电阻

$$R_O = (\frac{U_{o\infty}}{U_{oL}} - 1)R_L = (\frac{980.3}{394.7} - 1) \times 2 \approx 2.97k\Omega$$

3. 分析频率特性，测量截止频率

单击菜单栏中的分析项，选择交流分析，打开对话框，选择频率范围为 1Hz～100MHz，扫描形式为十倍频，垂直轴标尺用分贝，将结点 3 定义为待分析的结点，接通电源，即可得到图 4.7 所示的幅频特性和相频特性。由显示的数据可知，电路的中频放大倍数即放大倍数的最大值为 38.1dB，将标尺移至这个频率的-3dB 处，即 35.1dB 处，测得电路的下限截止频率为 241.4 Hz，上限截止频率为 11.51MHz。

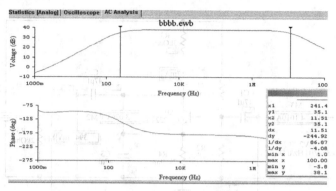

图 4.7　频率特性

4．对电路进行优化设计

由上面的测量数据和输出波形知，电路的放大倍数和最大不失真输出电压能满足要求，但下限截止频率较高，输出波形也有轻度失真。增大电容 C3 的值能降低下限截止频率，但仍不能达到 100Hz。考虑到电路的电压放大倍数远高于 40，可采用负反馈来扩展频带，同时还可改善波形的失真。为此，在发射极接入电阻 R6，当 R6 取 10Ω 时，下限截止频率、电压放大倍数和最大不失真输出电压均达到要求，如图 4.8 和图 4.9 所示，同时输入电阻提高至 1.89kΩ。

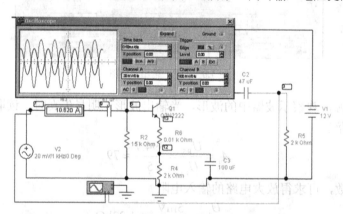

图 4.8　引入负反馈后的电路图

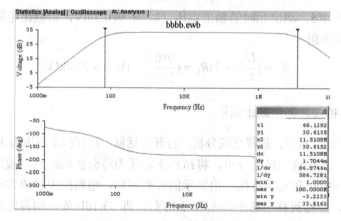

图 4.9　优化设计后的频率特征

下篇 实验部分

实验一　叠加定理的验证

一、实验目的

1. 验证线性电路叠加定理的正确性，加深对线性电路的叠加性和齐次性的认识和理解。
2. 掌握直流稳压电源和数字万用表的使用。

二、预习要求

根据图 5.1 的电路参数，计算各电压值。

三、实验原理

在线性电路中，当有两个或两个以上独立电源作用时，任一支路中的电流或电压，等于电路中各独立源单独作用时在该支路产生的电流或电压的代数和。

一个独立源单独作用，意味着其他独立源不作用，不作用的电压源的电压为零，可用短路代替；不作用的电流源的电流为零，可用开路代替。

在图 5.1 所示电路中，各电阻上的电压 U 等于稳压电源 U_{S1} 单独作用时产生的电压 U' 和稳压电源 U_{S2} 单独作用时产生的电压 U''，即

$$U = U' + U''$$

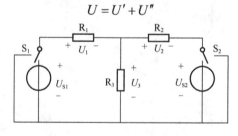

图 5.1　叠加定理实验图

线性电路的齐次性是指当激励信号（某独立源的值）增加或减小 k 倍时，电路的响应

（即在电路中各电阻元件上所建立的电流和电压值）也将增加或减小 k 倍。

四、实验内容和步骤

1. 图 5.1 所示电路中，电阻的标称值均为 $10k\Omega$。直流稳压电源 U_{S1} 的输出为 3V，U_{S2} 的输出为 6V。测量并记录各电阻的阻值。

2. U_{S1} 和 U_{S2} 共同作用（将开关 S_1 和 S_2 分别投向 U_{S1} 侧和 U_{S2} 侧），测量各电压值并填入表 5.1 中。

3. U_{S1} 电源单独作用（将开关 S_1 投向 U_{S1} 侧，开关 S_2 投向短路侧），测量各电压值并填入表 5.1 中。

4. U_{S2} 电源单独作用（将开关 S_2 投向 U_{S2} 侧，开关 S_1 投向短路侧），测量各电压值并填入表 5.1 中。

5. 将 U_{S2} 的数值调至 12V，测量各电压值并填入表 5.1 中。

6. 将电阻 R_3 换成二极管（非线性电阻），重复实验步骤 2、3、4 的测量，数据填入表 5.2 中。

表 5.1　　　　　　　　　　　线性电路实验数据表　　　　　　　$R_1=$　　$R_2=$　　$R_3=$

	U_{S1}（V）	U_{S2}（V）	U_1（V）	U_2（V）	U_3（V）	P_{R3}（W）
U_{S1}、U_{S2} 共同作用	3.0	6.0				
U_{S1} 单独作用	3.0	0				
U_{S2} 单独作用	0	6.0				
2U_{S2} 单独作用	0	12.0				

表 5.2　　　　　　　　　　非线性电路实验数据表　　　　　　　　R_3 改为二极管

	U_{S1}（V）	U_{S2}（V）	U_1（V）	U_2（V）	U_3（V）
U_{S1}、U_{S2} 共同作用	3.0	6.0			
U_{S1} 单独作用	3.0	0			
U_{S2} 单独作用	0	6.0			
2U_{S2} 单独作用	0	12.0			

五、注意事项

1. 电压源不能短路。
2. 测量时注意电压的参考方向。

六、实验报告要求

1. 根据实验数据表格，总结实验结论，验证线性电路的叠加性与齐次性。
2. 回答问题：各电阻器所消耗的功率能否用叠加原理计算得出？试用上述实验数据进行计算并得出结论。

七、实验设备与元器件

直流稳压电源、模拟实验箱、数字万用表

电　阻　10kΩ　　　3只

二极管　IN4007　　1只

实验二　戴维南定理的验证

一、实验目的

1. 掌握有源二端电路等效参数的一般测量方法。

2. 熟悉直流稳压电源、万用表、实验箱或面包板的使用。

3. 加深对戴维南定理和诺顿定理的理解。

二、预习要求

1. 计算图 5.2 所示有源二端电路的等效参数。

2. 回答问题：（1）测量有源二端电路开路电压有哪几种方法？在本实验中你将采用哪种方法？（2）测量等效内阻有哪几种方法？

三、实验原理

1. 任何一个线性含源电路，如果仅研究其中一条支路的电压和电流，则可将电路的其余部分看作是一个有源二端电路（或称为含源一端口电路）。

戴维南定理指出：任何一个线性有源电路，总可以用一个电压源与一个电阻的串联来等效代替，此电压源的电动势等于这个有源二端电路的开路电压 U_{OC}，其等效内阻等于该电路中所有独立源均置零（理想电压源视为短接，理想电流源视为开路）时的等效电阻 R_O，如图 5.2 所示。

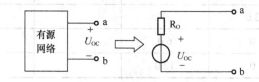

图 5.2　在源二端电路的戴维南等效电路

诺顿定理指出：任何一个线性有源电路，总可以用一个电流源与一个电阻的并联组合来等效代替，此电流源的电流等于这个有源二端电路的短路电流 I_{SC}，其等效内阻的定义同戴维南定理。

U_{OC}（或 I_{SC}）和 R_o 称为有源二端电路的等效参数。

2. 有源二端电路等效参数的测量方法。

（1）开路电压、短路电流法测 R_o。

在有源二端电路输出端开路时，用电压表直接测其输出端的电压 U_{OC}，然后再将其输出端短路，用电流表测其短路电流 I_{SC}，则等效内阻为

$$R_o = \frac{U_{OC}}{I_{SC}}$$

如果二端有源电路的内阻很小，若将其输出端口短路，则易损坏其内部元件，因此不宜用此法。

（2）伏安法测 R_o。

用电压表、电流表测出有源二端电路的外特性曲线，如图 5.3 所示。根据外特性曲线求出斜率 $\tan\varphi$，则内阻 R_o 为

$$R_o = \frac{\Delta U}{\Delta I} = \frac{U_{SC}}{I_{SC}} = \tan\phi$$

也可以先测量开路电压 U_{OC}，再测量电流为额定值 I_N 时的输出端电压值 U_N，则内阻为

$$R_o = \frac{U_{OC} - U_N}{I_N}$$

（3）半电压法测 R_o。

如图 5.4 所示，当负载电压为二端电路开路电压的一半时，负载电阻值即为被测有源二端电路的等效内阻值。

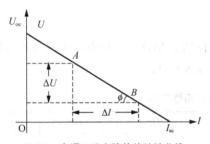

图 5.3　有源二端电路的外特性曲线

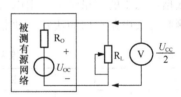

图 5.4　半电压法测输出电阻

（4）零示法测 U_{OC}。

在测量具有高内阻有源二端电路的开路电压时，用电表直接测量会造成较大的误差。为了消除电压表内阻的影响，往往采用零示法，如图 5.5 所示，当稳压电源的输出电压与有源二端电路的开路电压相等时，电流表的读数将为零。此时稳压电源的输出电压即为被测有源二端电路的开路电压。

四、实验内容和步骤

1．测有源二端电路的等效参数。

用开路电压、短路电流法测图 5.6 所示二端电路的等效参数 U_{OC}、R_O 和 I_{SC}，数据填入表 5.3 中。

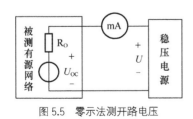

图 5.5　零示法测开路电压

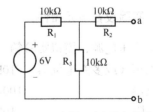

图 5.6　有源二端电路实验图

表 5.3 有源二端电路等效参数测量

	U_{OC} (V)	I_{SC} (mA)	$R_O=U_{OC}/I_{SC}$ (kΩ)	R_1 (kΩ)	R_2 (kΩ)	R_3 (kΩ)
理论值				10	10	10
测量值						

2．测有源二端电路端口的伏安特性曲线。

图 5.6 所示二端电路端口接入可变电阻 R_L，改变 R_L，测出端口电压和对应的端口电流，数据填入表 5.4 中。

表 5.4 有源二端电路端口伏安特性测量

R_L (Ω)	0	1k	2k	5k	10k	∞
U (V)						
I (mA)						

3．画出戴维南等效电路诺顿等效电路。

4．测戴维南等效电路端口的伏安特性曲线。

根据步骤 1 的测量结果，用电阻箱（或多圈电位器）和直流稳压电源组成戴维南等效电路，测此等效电路端口的伏安特性曲线，数据填入表 5.5 中。

表 5.5 戴维南等效电路端口伏安特性测量

R_L (Ω)	0	1k	2k	5k	10k	∞
U (V)						
I (mA)						

五、注意事项

1．测量时应注意电流表量程的变换。

2．注意电位器的正确连接。

六、实验报告要求

1．根据实验步骤 2、3 测得的数据，在同一坐标系中作出有源二端电路及其戴维南等效电路的端口的伏安特性曲线。

2．归纳、总结实验结果。

七、实验设备与元器件

直流稳压电源、模拟实验箱、数字万用表

电阻箱（或多圈电位器）　10kΩ　　1 只

电位器　　　　　　　　100kΩ　　1 只

电　阻　　　　　　　　10kΩ　　3 只

实验三 功率因数的提高

一、实验目的

1. 研究正弦稳态交流电路中电压、电流相量之间的关系。
2. 掌握日光灯电路的结构和工作原理。
3. 理解改善电路功率因数的意义并掌握其方法。

二、预习要求

1. 查阅资料，掌握日光灯的工作原理。
2. 复习正弦交流电路的有关内容，掌握提高感性负载功率因数的方法。

三、实验原理

图 5.7（a）所示的 RC 串联电路中，在正弦稳态信号 $\dot{U}$ 的激励下，$\dot{U}_R$ 与 $\dot{U}_C$ 保持 90º 的相位差，$\dot{U}$、$\dot{U}_R$ 与 $\dot{U}_C$ 构成一个直角三角形，如图 5.7（b）所示。

$$\dot{U} = \sqrt{\dot{U}_R{}^2 + \dot{U}_C{}^2}$$

R 或 C 的值改变时，角 ϕ 的大小随之改变。

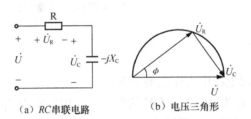

（a）RC 串联电路　　　　　（b）电压三角形

图 5.7　RC 串联电路中的电压关系

日光灯电路如图 5.8 所示，接通电源后，日光灯点亮前，启辉器闭合，随即又断开，镇流器两端产生很高的感应电压，这个电压和电源电压一起加在灯管的两端，使灯管内的水银蒸汽放电，从而激发荧光粉发出可见光。日光灯点亮后，灯管两端的电压较低，此电压不足以使启辉器闭合，启辉器处于断开状态。

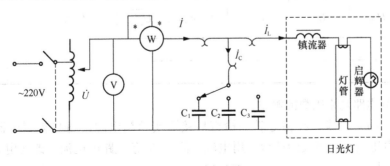

图 5.8　日光灯电路

图 5.8 所示电路中的电容器是补偿电容器，用以改善电路的功率因数。设日光灯（灯管和镇流器，为感性负载）的功率因数角为 ϕ_0，若要将电路的功率因数角提高到 ϕ，则需并联的电容为

$$C = \frac{P}{\omega U^2}(\tan\phi_0 - \tan\phi)$$

其中：P 为日光灯的功率，U 为日光灯的工作电压，ω 为市电的角频率。

实验所用功率表的电流端子和电压端子，标有符号 * 者是同名端（或称对应端），接线时应联接在电源的同一端，其正确接法如图 5.9 所示。使用时，为减小测量误差，对于高阻抗负载，由于电压线圈支路分流影响较大，电压线圈应前接，如图 5.9（a）所示；对于低阻抗负载，电流线圈上压降影响较大，电压线圈应后接，如图 5.9（b）所示。

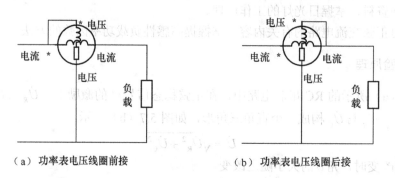

（a）功率表电压线圈前接　　　　　　　（b）功率表电压线圈后接

图 5.9　功率表电压电流线圈同名端的连接方法

四、实验内容和步骤

1. 研究正弦稳态交流电路中电压之间的关系。

按图 5.7（a）接线，R 为 220V、15W 的白炽灯，电容器为 4μF/450V。经指导教师检查后，接通实验台电源，将自耦调压器输出（即 U）调至 220V。记录 U、U_R、U_C 的值，数据填入表 5.6 中。断开电源，将电容器换为 2μF/450V 的电容器，重新测量并记录 U、U_R、U_C 的值，数据填入表 5.6 中。

表 5.6　　　　　　　　　　　　正弦稳态交流电路中电压关系

C (μF)	测量值			计算值		
	$U_测$	U_R	U_C	$U_计 = \sqrt{U_R^2 + U_C^2}$	$\Delta U = U_计 - U_测$	$\Delta U/U_测$ (%)
4.0						
2.0						

2. 日光灯电路功率因数的测量。

按图 5.8（a）接线。经指导教师检查后接通实验箱电源，将自耦调压器的输出调至 220V，记下电压表和功率表的读数，用电流表测出 3 条支路的电流。改变电容值，重新测量，数据记入表 5.7 中。

表 5.7 日光灯电路中的电压、电流及功率因数

电容值	测量数值						计算值	
(μF)	P(W)	cosφ	U(V)	I(A)	I_L(A)	I_C(A)	I(A)	cosφ
0								
1								
2								
4								
5								
6								

五、注意事项

1. 本实验用交流市电 220V，务必注意用电和人身安全。
2. 功率表要正确接入电路。

六、实验报告要求

1. 完成数据表格中的计算，进行必要的误差分析。
2. 根据实验数据，分别绘出电压、电流相量图，验证相量形式的基尔霍夫定律。
3. 说明提高功率因数的原理和方法。

七、实验仪器与元器件

三相电源、三相自耦调压器、交流电路实验箱、数字万用表

电容器 1μF/450V 2μF/450V 4μF/450V 各 1 只

附：日光灯电路简介

1. 日光灯的构造。

日光灯电路由灯管、镇流器和启动器 3 部分组成，如图 5.10 所示。灯管是一根内壁均匀涂有荧光物质的细长玻璃管，在管的两端装有灯丝电极，灯丝上涂有受热后易于发射电子的氧化物，管内充有稀薄的惰性气体和水银蒸汽。镇流器是一个带有铁心的电感线圈。启动器由一个辉光管和一个小容量的电容组成，它们装在一个圆柱形的外壳内，如图 5.11 所示。

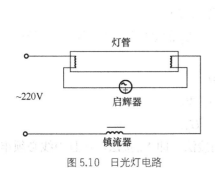

灯管
~220V
启辉器
镇流器
图 5.10 日光灯电路

4
1
2
3
5
6
1–圆柱形外壳 2–辉光管 3–倒U形双金属片
4–固定触头 5–电容器 6–插头
图 5.11 起辉器的结构

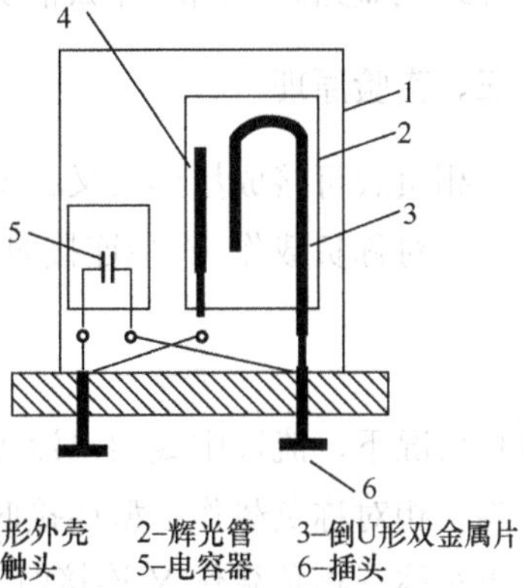

2．日光灯电路的工作原理。

当接通电源时，由于日光灯没有点亮，电源电压全部加在启动器辉光管的两个电极之间，使辉光管放电，放电产生的热量使倒 U 型电极受热趋于伸直，两电极接触，这时日光灯丝通过电极与限流器及电源构成一个回路，灯丝因有电流（称为启动电流或预热电流）通过而发热，从而使氧化物发射电子。同时，辉光管两个电极接通时，电极间电压为零，辉光放电停止，倒 U 型双金属片因温度下降而复原，两电极脱开，回路中的电流突然被切断，于是在镇流器两端产生一个比电源电压高得多的感应电压。这个感应电压连同电源电压一起加在灯管的两端，使灯管内的惰性气体电离而产生弧光放电。随着管内温度的逐渐升高，水银蒸汽游离，并猛烈地碰撞惰性气体分子而放电。水银蒸汽弧光放电时，辐射出不可见的紫外线，紫外线激发灯管内壁的荧光粉后发出可见光。

正常工作时，灯管两端的电压较低（40W 灯管的两端电压约为 110V，15W 的约为 50V），此电压不足以使启动器再次产生辉光放电。因此，启动器仅在启动过程中起作用。

普通镇流器的体积大，效率低，而电子镇流器体积小，效率高，故现在电子镇流器应用越来越普及。

日光灯具有光效率高、节能效果明显、寿命长、光线好等优点。节能灯又叫紧凑型日光灯，即将小型日光灯管与电子镇流器封装在一起，可直接代替普通白炽灯泡。节能灯的价格比普通白炽灯泡贵，但其寿命长、效率高。

实验四　三相电路中电压电流的关系

一、实验目的

1．掌握三相负载作星形连接、三角形连接的方法，验证这两种接法下线电压、相电压及线电流、相电流之间的关系。

2．充分理解三相四线供电系统中中线的作用。

二、预习要求

复习三相交流电路的有关内容，分析三相星形连接不对称负载在无中线情况下，当某相负载开路或短路时会出现什么情况？如果接上中线，情况又如何？

三、实验原理

三相负载可接成星形（又称 Y 接）和三角形（又称△接）。

三相对称负载作 Y 型连接时，线电压 U_L 是相电压 U_p 的 $\sqrt{3}$ 倍。线电流 I_L 等于相电流 I_p，即

$$U_L = \sqrt{3}U_p，\quad I_L = I_p$$

在这种情况下，流过中线的电流 $I_0 = 0$，所以可以省去中线。

当三相对称负载作△型连接时，有 $I_L = \sqrt{3}I_p$，$U_L = U_p$。

不对称三相负载作 Y 连接时，必须采用三相四线制接法，即 Y_0 接法，而且中线必须牢固

连接，以保证三相不对称负载的每相电压维持对称不变。倘若中线断开，会导致三相负载电压的不对称，致使负载轻的那一相的相电压过高，使负载遭受损坏；负载重的一相相电压又过低，使负载不能正常工作。尤其是对于三相照明负载，无条件地一律采用 Y_0 接法。

不对称负载作△型连接时，$I_L \neq \sqrt{3} I_P$，但只要电源的线电压 U_L 对称，加在三相负载上的电压仍是对称的，对各相负载工作没有影响。

四、实验内容和步骤

1. 三相负载星形连接（三相四线制供电）。

按图 5.12 连接实验电路。三相灯组负载经三相自耦调压器接通三相对称电源，将三相调压器的旋柄置于输出为 0V 的位置（即逆时针旋到底）。经指导教师检查合格后，方可开启实验台电源，然后调节调压器的输出，使输出的三相线电压为 220V。

按表 5.8 分别测量三相负载的线电压、相电压、线电流、相电流、中线电流及电源与负载中点间的电压，并观察各相灯组亮暗的变化程度。

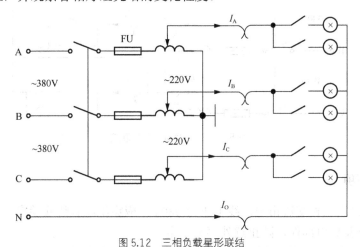

图 5.12 三相负载星形联结

表 5.8　　　　　　　　　　　　三相负载星形联结时的电压、电流

测量数据 实验内容 （负载情况）	开灯盏数			线电流（A）			线电压（V）			相电压（V）			中线电流 I_0 （A）	中点电压 U_{N0} （V）
	A相	B相	C相	I_A	I_B	I_C	U_{AB}	U_{BC}	U_{CA}	U_{A0}	U_{B0}	U_{C0}		
Y_0 接平衡负载	2	2	2											
Y 接平衡负载	2	2	2											
Y_0 接不平衡负载	1	2	2											
Y 接不平衡负载	1	2	2											
Y_0 接 B 相断开	1		2											
Y 接 B 相断开	1		2											

2. 负载三角形连接（三相三线制供电）。

按图 5.13 改接线路，经指导教师检查合格后接通三相电源，调节调压器，使其输出线电压为 220V，按表 5.9 的内容进行测试。

表 5.9　　　　　　　　　　　　　三相负载三角形联结时的电压、电流

测量数据	开灯盏数			线电压=相电压（V）			线电流（A）			相电流（A）		
负载情况	A-B相	B-C相	C-A相	U_{AB}	U_{BC}	U_{CA}	I_A	I_B	I_C	I_{AB}	I_{BC}	I_{CA}
三相平衡	2	2	2									
三相不平衡	1	2	2									

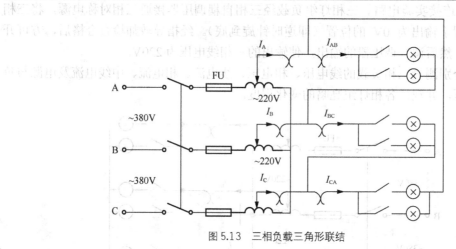

图 5.13　三相负载三角形联结

五、注意事项

1．本实验采用三相交流市电，线电压为 380V，应穿绝缘鞋进实验室。实验时要注意人身安全，不可触及导电部件，防止意外事故发生。

2．每次接线完毕，同组同学应自查一遍，然后由指导教师检查后，方可接通电源，必须严格遵守先断电、再接线、后通电，先断电、后拆线的实验操作原则。

六、实验报告要求

1．用实验测得的数据验证对称三相电路中的 $\sqrt{3}$ 关系。

2．用实验数据和观察到的现象，总结三相四线供电系统中中线的作用。

3．不对称三角形连接的负载，能否正常工作？ 实验是否能证明这一点？

4．根据不对称负载三角形连接时的相电流值作相量图，并求出线电流值，然后与实验测得的线电流做比较，分析之。

5．回答问题：本次实验中为什么要通过三相调压器将线电压为 380V 的市电降为线电压为 220V 的电源使用？

七、实验仪器与元器件

三相电源、三相自耦调压器、交流电路实验箱、数字万用表

实验五　常用电子仪器的使用

一、实验目的

1. 了解电子实验常用电子仪器的性能和用途，掌握其基本的使用方法。
2. 掌握交流信号的有效值、峰值、平均值的测量方法。

二、预习要求

1. 认真阅读附录中示波器、函数发生器、晶体管毫伏表面板旋钮的功能及使用方法，回答问题：（1）示波器有哪些主要用途？（2）函数发生器可以输出哪些信号？它的哪些参量可变？

2. 阅读第 2 章第 2.2、2.3 节，掌握交流电压幅值、有效值、周期及同频率交流信号相位差的测量。

三、实验原理

在电子电路实验中，经常使用的电子仪器有示波器、函数信号发生器、直流稳压电源、交流毫伏表及频率计等，它们与万用电表一起，可以完成对电子电路的静态和动态工作情况的测试。

实验中要对各种电子仪器进行综合使用。按照信号流向，以连线简捷、调节顺手、观察与读数方便等原则进行合理布局，各仪器与被测实验装置之间的布局与连接如图 5.14 所示。为防止外界干扰，接线时应注意各仪器的公共接地端连接在一起，即共地。信号源和交流毫伏表的引线通常用屏蔽线或专用电缆线，示波器接线使用专用电缆线，直流电源的接线用普通导线。

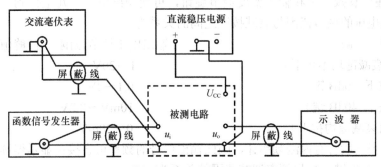

图 5.14　模拟电子电路中常用电子仪器布局图

1. 模拟示波器。

示波器是一种用途很广的电子测量仪器，它既能直接显示电信号的波形，又能对电信号进行各种参数的测量。主要操作步骤如下。

（1）寻找扫描光迹。

将示波器 Y 轴显示方式置"Y_1"或"Y_2"，输入耦合方式置"GND"，开机预热，按下列操作找到扫描线：①适当调节亮度旋钮；②触发方式开关置"自动"；③适当调节垂直

（↕）、水平（↔）"位移"旋钮，使扫描光迹位于屏幕中央（若示波器设有"寻迹"按键，可按下"寻迹"按键，判断光迹偏移基线的方向）。

（2）双踪示波器一般有 5 种显示方式，即"Y_1"、"Y_2"、"Y_1+Y_2" 3 种单踪显示方式和"交替""断续"两种双踪显示方式，根据信号输入通道和所需观察的信号，选择合适的显示方式。"交替"显示一般适宜于输入信号频率较高时使用，"断续"显示一般适宜于输入信号频率较低时使用。

（3）为了显示稳定的被测信号波形，"触发源选择"开关一般选为"内"触发，使扫描触发信号取自示波器内部的 Y 通道。

（4）触发方式开关通常先置于"自动"调出波形后，若被显示的波形不稳定，可置触发方式开关于"常态"，通过调节"触发电平"旋钮找到合适的触发电压，使被测试的波形稳定地显示在示波器屏幕上。

（5）适当调节"扫描速率"开关及"Y 轴灵敏度"开关，使屏幕上显示 2～3 个周期的被测信号波形。在测量幅值时，应注意将"Y 轴灵敏度微调"旋钮置于"校准"位置，即顺时针旋到底，且听到关的声音。在测量周期时，应注意将"X 轴扫速微调"旋钮置于"校准"位置，即顺时针旋到底，且听到关的声音。还要注意"扩展"旋钮的位置。

根据被测波形在屏幕坐标刻度上垂直方向所占的格数（div 或 cm）和"Y 轴灵敏度"开关指示值（v/div），即可算得信号幅值 U_{pp} 的测量值：

U_{pp} =波形高度×V/div 读数（微调旋钮处于校正位置）

根据被测信号波形一个周期在屏幕坐标刻度水平方向所占的格数（div 或 cm）和"扫描速率"开关指示值（t/div），即可算得信号周期 T 的测量值：

T=两个波峰（或波谷）之间的距离×t/div 读数（微调旋钮处于校正位置）

2．函数信号发生器。

函数信号发生器按需要输出正弦波、方波、三角波 3 种信号波形。输出电压最大可达 $20V_{pp}$。通过输出衰减开关和输出幅度调节旋钮，可使输出电压在几毫伏到十几伏范围内连续调节，输出电压的调节范围与衰减按键之间的关系为：

衰 减	输出电压调节范围（峰-峰值）
0dB（两衰减键均不按下）	1～20V
20dB（按下-20dB 键）	0.1～2V
40dB（按下-40dB 键）	10mV～0.2V
60dB（两衰减键均按下）	0～20mV

函数发生器一般含有内测频率计，因此输出信号的频率可直接由显示器读出（外测频率键不按下），频率按键选择与频率调节范围的关系为：

频率按键	1	10	100	1k	10k	100k	lM
频率范围（Hz）	0～2.2	0～22	1～200	15～2.2k	150～22k	1.5k～220k	15k～2.2M

函数信号发生器作为信号源，它的输出端不允许短路。

3．毫伏表。

交流毫伏表能在其工作频率范围之内测量正弦交流电压的有效值。为了防止过载而损坏，测量前一般先把量程开关置于量程较大位置上，然后逐挡减小量程。确定合适的量程后，在读数前，要对毫伏表进行调零。

四、实验内容和步骤

1．用机内校正信号对示波器进行自检。

在调出扫描基线的基础上，将示波器的校正信号接入 Y_1 通道，输入耦合置 "AC"，将 "Y 轴灵敏度微调" 旋钮置 "校准" 位置，"Y 轴灵敏度" 开关置适当位置，读取校正信号幅度；将 "扫描速率微调" 旋钮置 "校准" 位置，"扫描速率" 开关置适当位置，读取校正信号周期，数据填入表 5.10 中。

表 5.10 示波器校正信号自检

U_{pp}	T	U（万用表测量值）

2．用示波器和万用表测量信号参数。

实验电路如图 5.15 所示，当输入电压是 1kHz 的正弦信号时，电容容抗为 15.9kΩ，因此，输出电压与输入电压之间的关系是

$$\dot{U}_o = \frac{-jX_C}{R - jX_C}\dot{U}_i = \frac{-j15.9}{10 - j15.9}\dot{U}_i = 0.85\angle 32.2°\dot{U}_i$$

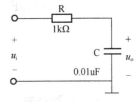

图 5.15 RC 移相电路

（1）用函数发生器调出 U_{pp}=4V、f=1kHz 的正弦电压（用示波器 Y_1 通道测量）。

（2）将此信号作为移相电路的输入信号 u_i 接入 RC 移相电路，用示波器 Y_1 通道观察，输出信号 u_o 接入示波器的 Y_2 通道，分别用示波器的 DC 和 AC 输入耦合方式观察，并画出输入和输出电压的波形，标出时间和电压值，数据填入表 5.11 中。

（3）测量输出电压与输入电压的相位差

$$\Delta\phi = \frac{\Delta T}{T}\times 360° = \frac{\Delta X}{X}\times 360°$$

其中 X 为 1kHz 信号一个周期的长度，ΔX 为输入与输出电压波峰间的间距。

（4）用万用表测出 U_i 的有效值。

表 5.11 移相电路测量

U_{ipp}	U_{opp}	u_i、u_o 波形（AC 耦合）	u_i、u_o 波形（DC 耦合）	相位差	U_i（测量值）

五、注意事项

1．扭动示波器各旋钮时，要用力适当，以免造成机械损坏。

2．组装电路时，输入端在左边，输出端在右边，地线在下边，元件要插紧。

3．用示波器测电压时，正、负极不能反接，微调旋钮要处于校正位置，夹头不要直接夹在元件的引脚上，应另用短导线引出。

六、实验报告要求

1．记录和整理实验数据，并用坐标纸描绘波形。

2．回答下列问题：

（1）有一正弦信号，f=1kHz，其峰-峰值 U_{pp}=20mV，输入示波器的 Y_1 通道，若要显示 5 个完整周期的波形，高度为 4 格，试问示波器扫描速度旋钮、Y 轴灵敏度旋钮应置何挡？若此正弦信号经放大电路反相放大 200 倍，为能方便地观测放大后的波形和原波形及其相位关系，放大信号应如何接入示波器？通道选择按钮如何选择？

（2）若要从函数发生器输出 50mV（峰-峰值）的正弦信号，衰减按钮如何选择？若要输出 5V（峰-峰值）的信号，衰减按钮又该如何选择？

七、实验仪器与元器件

双踪示波器、信号发生器、模拟实验箱、数字万用表

电　阻　1kΩ　　　1 只
电　容　0.01μF　　1 只

实验六　一阶电路响应的研究

一、实验目的

1．观测 RC 一阶电路的零输入响应、零状态响应及全响应。
2．学习电路时间常数的测量方法。
3．学习 EWB 软件的使用。

二、预习要求

1．写出零输入响应和零状态响应的表示式，计算 e^{-1}、e^{-2}、e^{-3}、e^{-5}。
2．设计一个微分电路，对于频率为 1kHz 的方波信号，微分输出满足：（1）尖脉冲的幅度大于 1V；（2）脉冲衰减到零的时间 $t<T/10$。电容值选取：C=0.1μF。
3．阅读第 2 章 2.1、2.2、2.3 节。

三、实验原理

动态电路的过渡过程是十分短暂的单次变化过程。要用普通示波器观察过渡过程和测量有关的参数，就必须使这种单次变化的过程重复出现。为此，我们利用信号发生器输出的方波来模拟阶跃激励信号，即利用方波输出的上升沿作为零状态响应的正阶跃激励信号；利用方波的下降沿作为零输入响应的负阶跃激励信号。只要方波的周期远大于电路的时间常数，那么电路的响应就和直流电接通与断开的过渡过程是基本相同的。

图 5.16 所示的 RC 一阶电路的零状态响应[图 5.16（b）]和零输入响应[图 5.16（c）]分别按指数规律增长和衰减，其变化的快慢取决于电路的时间常数。

时间常数的测定方法：

RC 电路充放电的时间常数 τ 可以从响应波形中估算出来。设时间单位 t 确定，对于充电曲线来说，幅值上升到终值的 63.2%所对应的时间即为一个 τ[图 5.16（b）]。对于放电曲线，幅值下降到初始值的 36.8%所对应的时间即为一个 τ[图 5.16（c）]。调节示波器的"Y

轴灵敏度"的微调旋钮，使波形在垂直方向上显示 5.4 格，这样，3.4 格近似为 63.2%，2 格近似为 36.8%。

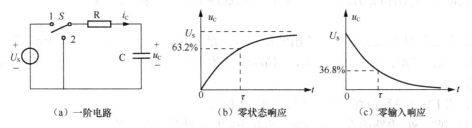

（a）一阶电路　　　　（b）零状态响应　　　　（c）零输入响应

图 5.16　一阶电路及其零状态响应和零输入响应

微分电路和积分电路是 RC 一阶电路中较典型的电路，它对电路元件参数的输入信号的周期有着特定的要求。一个简单的 RC 串联电路，在方波序列脉冲的激励下，当满足 $\tau \ll T/2$ 时（T 为方波脉冲的周期），且由 R 两端的电压作为响应输出，则该电路就是一个微分电路。因为此时电路的输出信号电压与输入电压的微分成正比。如图 5.17 所示，利用微分电路可以将方波转变成尖脉冲。

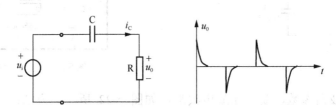

图 5.17　微分电路及其输出波形

若将图 5.17 中的 R 与 C 位置调换一下，如图 5.18 所示，由 C 两端的电压作为响应输出，则当电路的参数满足 $\tau \gg T/2$ 时，该 RC 电路称为积分电路。因此此时电路的输出信号电压与输入信号电压的积分成正比。利用积分电路可以将方波变成三角波。

从输入输出波形来看，微分电路和积分电路均起着波形变换的作用。

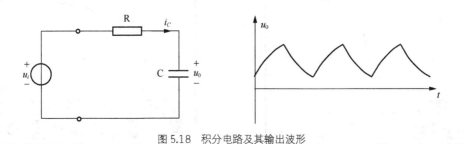

图 5.18　积分电路及其输出波形

四、实验内容和步骤

1. 研究 RC 电路的方波响应。

实验电路如图 5.19 所示。$u_i(t)$ 为方波信号发生器产生的周期为 T 的信号电压。r 为电流取样电阻，要求 $r \ll R$。取 $T = 1\text{ms}$（$f = 1\text{kHz}$）、$C = 0.1\mu\text{F}$、$r = 51\Omega$，R 取 470Ω、$5.1\text{k}\Omega$、

51kΩ，对应于 $RC \ll \dfrac{T}{2}$、$RC = \dfrac{T}{2}$、$RC \gg \dfrac{T}{2}$，与 $u_i(t)$ 对照，
观察并描绘出 $u_C(t)$ 和 $i_C(t)$ 的波形，测出 $R=5.1\text{k}\Omega$ 时电路的时间
常数。

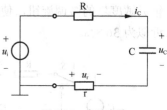

2．观察设计的微分电路的输出波形，若满足要求，描绘
出输入、输出波形；若不满足要求，调节电阻，使输出满足设
计要求。

图 5.19　实验电路

3．用 EWB 进行仿真实验，内容与 1、2 相同。

（1）观察 RC 电路的零输入响应、零状态响应，测量时间常数。

创建图 5.20 所示的仿真实验电路，信号发生器设置为方波，参数选择如图 5.21 所示。

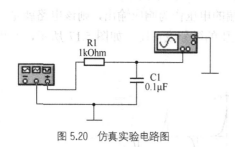

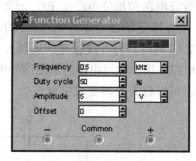

图 5.20　仿真实验电路图

图 5.21　信号发生器参数选择

（2）调节示波器参数，观察充放电波形，如图 5.22 所示。方法：打开开关，按"暂
停"按钮。

（3）测量时间常数。

调节扫描速度开关，使示波器显示半个周期的波形，移动示波器上的游标，红色游标对
准初值，蓝色游标对准终值的 63.2%，如图 5.23 所示，T_2-T_1 即为电路的时间常数。

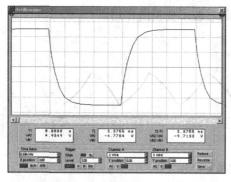

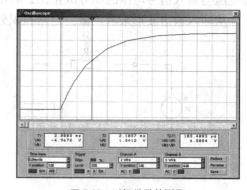

图 5.22　一阶电路的方波响应

图 5.23　时间常数的测量

（4）观察积分电路的波形。

创建图 5.24 所示的仿真实验电路，改变 R 或 C，观察输入和输出波形（见图 5.25）。

（5）观察微分电路的波形。

创建图 5.26 所示的仿真实验电路，改变 R 或 C，观察输入和输出波形（见图 5.27）。

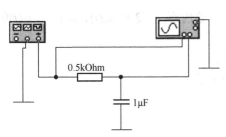

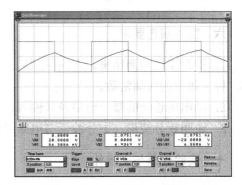

图 5.24　积分电路仿真实验图

图 5.25　积分电路的输入、输出波形

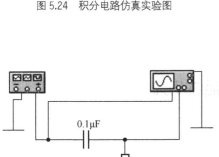

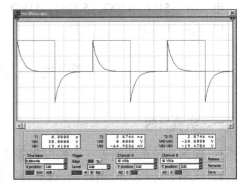

图 5.26　微分电路仿真实验图

图 5.27　微分电路的输入、输出波形

（6）观察 RC 电路 $u_C(t)$ 和 $i_C(t)$ 的波形。创建图 5.28 所示的仿真实验电路。改变 R 或 C，观察输入和输出波形的变化（见图 5.29），记录 $RC = \dfrac{T}{10}$、$RC << \dfrac{T}{2}$、$RC = \dfrac{T}{2}$ 和 $RC >> \dfrac{T}{2}$ 时 $u_C(t)$ 和 $i_C(t)$ 的波形。

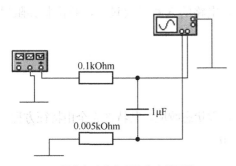

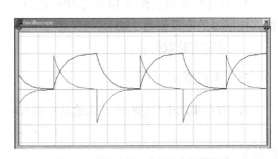

图 5.28　积分电路中电压和电流的测量

图 5.29　积分电路中电压和电流的波形

五、注意事项

1. 观察和测量 $u_C(t)$ 时，示波器线的黑夹子接地。

2. 做定量测定时，"t/div" 和 "V/div" 的微调旋钮应旋至"校准"位置。

3. 测量时间常数时，为减小测量误差，应把波形在 X 方向调到最大。

六、实验报告要求

1. 根据实验观测结果，在同一坐标平面上绘出实验内容 1、2 中 $u_i(t)$、$u_C(t)$ 和 $i_C(t)$ 的波形，标出测得的时间常数。

2. 画出所设计的微分电路及其输入、输出波形。

3. 说明积分波形、微分波形与电路时间常数的关系。

七、实验仪器与元器件

双踪示波器、信号发生器、模拟实验箱

电　阻　51Ω、470Ω、5.1kΩ、51kΩ　　　各 1 只

电　容　0.1μF　　　　1 只

实验七　二阶电路响应的研究

一、实验目的

1. 观测二阶电路的零状态响应和零输入响应，了解元件参数对响应的影响。

2. 观察、分析二阶电路响应的三种过渡过程曲线及其特点，加深对二阶电路响应的认识和理解。

二、预习要求

1. 如图 5.30 所示，当电路中 L=10mH（电感器的电阻值为 25Ω）、C=0.1μF 和 0.01μF 时，计算电路处于临界阻尼状态的电阻值。当 R=0 时，为能观察到两个周期以上的衰减振荡，方波信号的频率应不高于多少？

2. 用 EWB 仿真图 5.30 所示实验电路，观察二阶电路的 3 种过渡过程，找出临界阻尼值（电感器的电阻值为 25Ω）。

3. 拟定实验数据表格。

三、实验原理

1. RLC 串联电路的响应，无论是零输入响应，还是零状态响应，其特性完全由特征方程

$$LCp^2 + RCp + 1 = 0$$

的特征根

$$p_{1,2} = -\frac{R}{2L} \pm \sqrt{(\frac{R}{2L})^2 - \frac{1}{LC}} = -\alpha \pm \sqrt{\alpha^2 - \omega_0^2} = -\alpha \pm j\omega_d$$

来决定，式中 $\alpha = \dfrac{R}{2L}$ 称为衰减系数，$\omega_0 = \dfrac{1}{\sqrt{LC}}$ 称为谐振频率，$\omega_d = \sqrt{\omega_0^2 - \alpha^2}$ 称为衰减振荡频率。

（1）如果 $R > 2\sqrt{\dfrac{L}{C}}$，则 $p_{1,2}$ 为两个不相等的负实根，电路过渡过程的性质为过阻尼的

非振荡过程。

（2）如果 $R = 2\sqrt{\dfrac{L}{C}}$，则 $p_{1,2}$ 为两个相等的负实根，电路过渡过程的性质为临界阻尼的非振荡过程。

（3）如果 $R < 2\sqrt{\dfrac{L}{C}}$，则 $p_{1,2}$ 为一对共轭复根，电路过渡过程的性质为欠阻尼的振荡过程。

改变电路参数 R、L 或 C 中的任何一个参数，均可使电路发生上述 3 种不同性质的过程。

2．从能量变化的角度来说明。由于 RLC 电路中存在着两种不同性质的贮能元件，因此它的过渡过程就不仅是单纯的积累能量和放出能量，还可能发生电容的电场能量和电感的磁场能量互相反复交换的过程，这一点决定于电路参数。当电阻比较小时（该电阻应是电感线圈本身的电阻和回路中其余部分电阻之和），电阻上消耗的能量较小，而 L 和 C 之间的能量交换占主导位置，所以电路中的电流表现为振荡过程；当电阻较大时，能量来不及交换就在电阻中消耗掉了，使电路只发生单纯的积累或放出能量的过程，即非振荡过程。

3．在电路发生振荡过程时，其振荡也可分为 3 种情况。

（1）衰减振荡：电路中电压或电流的振荡幅度按指数规律逐渐减小，最后衰减到零。

（2）等幅振荡：电路中电压或电流的振荡幅度保持不变，相当于电路中电阻为零，振荡过程不消耗能量。

（3）增幅振荡：此时电压或电流的振荡幅度按指数规律逐渐增加，相当于电路中存在负值电阻，振荡过程中逐渐得到能量补充。

4．衰减振荡频率 ω_d 和衰减系数 α 的测量。

衰减振荡波形如图 5.31 所示，$T_d = t_2 - t_1$，$\omega_d = \dfrac{2\pi}{T_d}$，由于

$$I_{1m} = Ae^{-\alpha t_1}，\quad I_{2m} = Ae^{-\alpha t_2}$$

$$\frac{I_{1m}}{I_{2m}} = e^{\alpha(t_2 - t_1)}$$

所以

$$\alpha = \frac{1}{T_d}\ln\frac{I_{1m}}{I_{2m}}$$

四、实验内容和步骤

1．按图 5.30 连线，u_s 为 $U_{PP} = 0.1\text{V}$、$f = 2\text{kH}_Z$ 的方波。调节 R，使电路处于 $R > 2\sqrt{\dfrac{L}{C}}$ 的非振荡状态，用示波器观察并在坐标纸上描绘 $u_s(t)$ 和 $u_c(t)$ 的波形，测量并记录此时的电阻值。

2．调节 R，使 $R + R_L = 2\sqrt{\dfrac{L}{C}}$（对 10mH 电感器，$R_L = 25\Omega$），用示波器观察并在坐标纸上描绘 $u_c(t)$ 和 $u_s(t)$ 的波形。

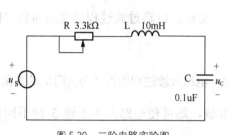

图 5.30　二阶电路实验图

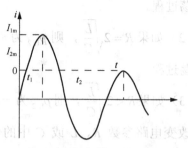

图 5.31　衰减振荡电压波形图

3. 调节 R，使 $R + R_L < 2\sqrt{\dfrac{L}{C}}$，用示波器观察 $u_C(t)$的波形，尽量使振荡频率高一些，在坐标纸上描绘 $u_C(t)$和 $u_S(t)$的波形，测量并记录此时的电阻值，用示波器测定此时电路的衰减常数和振荡频率。

4. 调节 R，寻找实际的临界电阻值 R，并与理论值进行比较。

5. 将电容换为 0.01μF，重复步骤 3 的测量并做记录。观察电路参数改变时振荡频率和衰减常数的变化趋势。

五、注意事项

1. 调临界阻尼时要仔细。

2. 观察双踪时，显示要稳定，如不同步，则可采用外同步法触发。

六、实验报告要求

1. 根据观测结果，在坐标纸上描绘二阶电路过阻尼、临界阻尼和欠阻尼的响应波形。

2. 测量与计算欠阻尼振荡曲线的振荡频率和衰减常数。

3. 归纳、总结电路元件参数的改变对响应变化趋势的影响。

七、实验仪器与元器件

双踪示波器、信号发生器、模拟实验箱

电位器　3.3kΩ　　　　　1 只

电　容　0.1μF　0.01μF　　各 1 只

电　感　10mH（25Ω）　　1 只

实验八　三相异步电动机正反转控制

一、实验目的

1. 通过对三相鼠笼式异步电动机正反转控制线路的安装接线，掌握由电气原理图接成实际操作电路的方法。

2. 加深对电气控制系统各种保护、自锁、互锁等环节的理解。

3．学会分析、排除继电—接触控制线路故障的方法。

二、预习要求

掌握实验原理，回答如下问题。

1．在电动机正、反转控制线路中，为什么必须保证两个接触器不能同时工作？采用哪些措施可解决此问题，这些方法有何利弊，最佳方案是什么？

2．在控制线路中，短路、过载、失压、欠压保护等功能是如何实现的？在实际运行过程中，这几种保护有何意义？

三、实验原理

在鼠笼机正反转控制线路中，通过相序的更换来改变电动机的旋转方向。本实验给出两种不同的正、反转控制线路如图 5.32 和图 5.33 所示，具有如下特点。

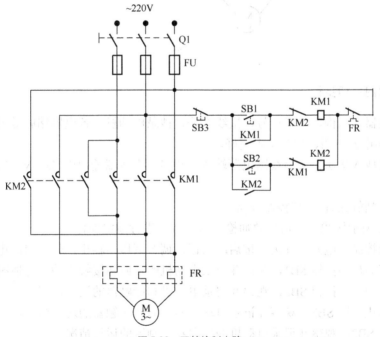

图 5.32　正转控制电路

1．电气互锁。

为了避免接触器 KM1（正转）、KM2（反转）同时得电吸合造成三相电源短路，在 KM1（KM2）线圈支路中串接有 KM2（KM1）动断触头，它们保证了线路工作时 KM1、KM2 不会同时得电，以达到电气互锁目的。

2．电气和机械双重互锁。

除电气互锁外，可再采用复合按钮 SB1 与 SB2 组成的机械互锁环节（见图 5.33），以求线路工作更加可靠。

3．线路具有短路、过载、失压、欠压保护等功能。

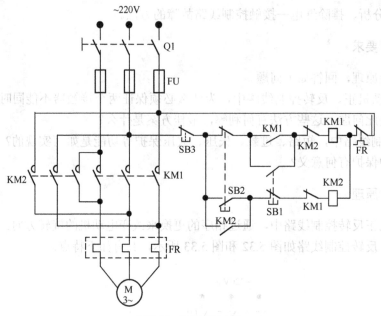

图 5.33　反转控制电路

四、实验内容和步骤

认识各电器的结构、图形符号、接线方法，抄录电动机及各电器铭牌数据，并用万用电表 Ω 挡检查各电器线圈、触头是否完好。

鼠笼机接成 △ 接法；实验线路电源端接三相自耦调压器输出端 U、V、W，供电线电压为 220V。

1. 接触器联锁的正反转控制线路。

按图 5.32 所示接线，经指导教师检查后，方可进行通电操作。

（1）开启控制屏电源总开关，按启动按钮，调节调压器输出，使输出线电压为 220V。

（2）按正向启动按钮 SB1，观察并记录电动机的转向和接触器的运行情况。

（3）按反向启动按钮 SB2，观察并记录电动机和接触器的运行情况。

（4）按停止按钮 SB3，观察并记录电动机的转向和接触器的运行情况。

（5）再按 SB2，观察并记录电动机的转向和接触器的运行情况。

（6）实验完毕，按控制屏停止按钮，切断三相交流电源。

2. 接触器和按钮双重联锁的正反转控制线路。

按图 5.33 接线，经指导教师检查后，方可进行通电操作。

（1）按控制屏启动按钮，接通 220V 三相交流电源。

（2）按正向启动按钮 SB1，电动机正向启动，观察电动机的转向及接触器的动作情况。按停止按钮 SB3，使电动机停转。

（3）按反向启动按钮 SB2，电动机反向启动，观察电动机的转向及接触器的动作情况。按停止按钮 SB3，使电动机停转。

（4）按正向（或反向）启动按钮，电动机启动后，再去按反向（或正向）启动按钮，观察有何情况发生？

（5）电动机停稳后，同时按正、反向两只启动按钮，观察有何情况发生？

（6）失压与欠压保护。

a．按启动按钮 SB1（或 SB2）启动电动机后，按控制屏停止按钮，断开实验线路三相电源，模拟电动机失压（或零压）状态，观察电动机与接触器的动作情况，随后，再按控制屏上启动按钮，接通三相电源，但不按 SB1（或 SB2），观察电动机能否自行启动？

b．重新启动电动机后，逐渐减小三相自耦调压器的输出电压，直至接触器释放，观察电动机是否自行停转。

（7）过载保护。

打开热继电器的后盖，当电动机启动后，人为地拨动双金属片模拟电动机过载情况，观察电机、电器动作情况。

注意：此项内容，较难操作且危险，有条件可由指导教师作示范操作。

实验完毕，将自耦调压器调回零位，按控制屏停止按钮，切断实验线路电源。

五、注意事项

1．接通电源后，按启动按钮（SB1 或 SB2），接触器吸合，但电动机不转且发出"嗡嗡"声响；或者虽能启动，但转速很慢。产生这种故障大多原因是主回路一相断线或电源缺相。

2．接通电源后，按启动按钮（SB1 或 SB2），若接触器通断频繁，且发出连续的劈啪声或吸合不牢、发出颤动声，此类故障的产生可能是因为：

（1）线路接错，将接触器线圈与自身的动断触头串在一条回路上了；

（2）自锁触头接触不良，时通时断；

（3）接触器铁芯上的短路环脱落或断裂；

（4）电源电压过低或与接触器线圈电压等级不匹配。

六、实验报告要求

1．用实验数据和观察到的现象，归纳、总结实验结果。

2．回答预习要求中的问题。

七、实验仪器与元器件

三相交流电源、三相鼠笼式异步电动机、万用表

交流接触器 2 只、热继电器 1 只

按钮 3 只

实验九　三相电源相序及电压超限检测

一、实验目的

1．了解三相电压的对称特性，了解变压器的作用和特点。

2．学习运算放大器比较作用及使用方法。

3．学习基本逻辑电路和器件在实际中的应用方法。

4. 培养学生分析和解决实际问题的能力。

二、预习要求

实验涉及有三相电源、三相变压器、波形变换、整流滤波、信号的逻辑处理与分析等电工与电子基本知识。利用三相变压器降压，得到被隔离的安全的三相电压。运用比较器、三极管等对三相电压波形进行整形。用基本逻辑门和触发器判断三相电压的相序。

三、实验原理

实验电路原理框图如图 5.34 所示。按电路功能来分，实验电路分三部分，分别如图 5.34 中 A、B、C 所示。

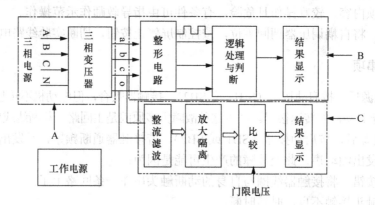

图 5.34　系统电路原理框图

A 电路功能是将三相电压接入变压器并进行降压，变压器输出三相电压作为 B、C 电路的输入。实验室若没有三相降压变压器，可用 3 个单相电源变压器构成。

电路 B 完成相序判断功能。

将三相电压信号进行整形得到三路 180°方波信号，其相位互差 120°。用一个 D 触发器检测两个信号的相位关系，原理如图 5.35 所示。当 A 超前 B 时，Q 为高电平，否则 Q 为低电平（$Q_{N+1}=D_N$）。同样道理，用另两个 D 触发器分别检测 B 和 C、C 和 A 的相位关系。若相序是 ABC，则这 3 个 D 触发器输出都为高电平；若相序是 CBA，则这三个 D 触发器输出都为低电平。这样就可以确定 ABC 的相序了。输出结果用指示灯表示。

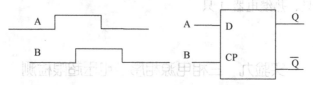

图 5.35　相位关系检测原理

电路 C 完成某相电压超限的指示功能。

将某相电压进行整流滤波，得到直流电压。放大隔离电路对直流电压进行整定隔离。整定后的电压作为窗口比较器的输入。电压超限电路原理框图如图 5.36 所示。上门限电压 U_1 与被测电压的上限电压值相对应，下门限电压 U_2 与被测电压的中间值（即额定值）相对应。当被测电压值在其上限值和下限值范围内，窗口比较器输出低电平，否则，窗口比较器输出高电平。窗口比较器输出电压明确判断了被测电压是否超限，其结果可用指示灯表示。

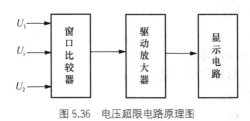

图 5.36 电压超限电路原理图

四、实验内容和步骤

1．相序检测。

以工频 380V 三相电源为检测对象。380V 三相电压经变压器降压得到低压三相电压。运用电工与电子基础知识，用模拟及数字器件组成信号检测和处理电路，对低压三相电压进行相序和电压检测，完成三相电压相序的确定，三相电压相序以变压器输入端子 ABC 排列顺序为默认的正序。当三相电压相序与默认的相序一致时，正相序红色指示灯亮，表示电源相序为 ABC。若反相序绿色指示灯亮，表示电源相序为 CBA；三相电压中某相电压超限（超过额定电压 10%或低于额定电压 10%）时，电压超限红色指示灯亮，表示电压超限；反之，电压正常绿色指示灯亮，表示电压在±10%以内。

实验中要观察的波形有：变压器的输出波形，正弦电压整形后的方波电压及相位关系。

注意观察调换变压器端子 ABC 中的任意两个的位置时，相序指示灯有什么变化，分析其原因。测试数据和波形记录于表 5.12 中。

表 5.12 相序检测数据表

输入相序	变压器输出波形	三极管输入波形	三极管输出波形	绿灯亮灭
ABC				
ACB				

2．电压超限检测。

以单相电压为例，220V 交流电经 220/9V 变压器变压，再经过桥式整流变为平滑直流电。原理电路框图 5.36 中，门限电压 U_1、U_2 分别为 12.3 和 9.8V，用两个电位器产生。调节输入电压，使交流电压从 180V 逐渐增加到 250V，记录显示指示灯状态改变时的交流电压值，并与理论值作比较。

五、注意事项

1．做相序检测实验时，注意安全，先接好线路再开总电源。注意三相电与变压器的接线方式，先测变压器的输出值是否符合要求，不然容易引起三相不平衡导致器件烧坏。先测一相的波形，其他两相与此一样。

2．仿真时要设置变压器的耦合系数。

六、实验报告要求

实验报告应包括以下几部分。

1. 设计思路及方案。
2. 电路工作原理及参数计算。
3. 实验数据表格、波形及实验结果。
4. 实验数据及结果分析。
5. 实验体会及问题分析。

七、实验设备与元器件

三相电源、三相自耦调压器、交流电路实验箱

1. 相序检测。

电阻 1kΩ9 只，500Ω3 只，4.7kΩ3 只，200Ω 5 只

红色发光二极管 4 只，绿色发光二极管 1 只

集成电路：门电路 74LS04，74LS11 各一只，运放 μA741 3 只

变压器 220/9V 3 只

2. 电压超限检测。

电阻 1kΩ9 只，500Ω3 只，4.7kΩ3 只，200Ω 5 只

红色发光二极管 4 只，绿色发光二极管 1 只

集成电路：门电路 74LS04，74LS11 各一只，运放 μA741 3 只

变压器 220/9V 3 只

电阻 500Ω2 只，

电位器 1kΩ3 只

电容 0.1μF、470μF 各 1 只

镇流二极管 IN4007 6 只

红色发光二极管、绿色发光二极管 各 1 只

集成电路：运放 μA324 3 只

变压器 220/9V 1 只

实验十 双口网络的测定

一、实验目的

1. 加深对双口网络基本理论的理解。
2. 学习测定无源双口网络的参数。

二、预习要求

1. 复习双口网络的有关知识，计算待测网络的 Z 参数、A 参数和负载电阻为 2kΩ 时的

输入电阻。

2. 根据实验内容，拟定实验步骤，列出数据表格。

三、实验原理

任何一个复杂的无源线性双口网络，如果我们仅对它的两对端口的外部特性感兴趣，而对它的内部结构不要求了解时，那么，不管二端口网络多么复杂，总可以找到一个极其简单的等值双口电路来替代原网络，而该等值电路两对端口的电压和电流间的互相关系与原网络对应端口的电压和电流间的关系完全相同，这就是所谓"黑盒理论"的基本内容。这一理论具有很大实用价值。因为对于任何一个线性系统，我们所关心的往往只是输入端口与输出端口的特性，而对系统内部的复杂结构不必研究。

复杂双口网络的端口特性，往往很难用计算分析的方法求得，一般采用实验测试的方法来获得，所以学会双口网络的参数的测试方法具有很大实际意义。

一个双口网络两对端口的电压和电流 4 个变量之间的关系可用多种形式的参数方程来表示，将二端口网络的输入端电流和输出端电流作为自变量，输入端电压和输出端电压作为因变量，则对图 5.37 所示无源线性双口网络，有特性方程：

$$\dot{U}_1 = Z_{11}\dot{I}_1 + Z_{12}\dot{I}_2$$
$$\dot{U}_2 = Z_{21}\dot{I}_1 + Z_{22}\dot{I}_2$$

图 5.37　无源线性双口网络示意图

式中 Z_{11}、Z_{12}、Z_{21}、Z_{22} 为双口网络的 Z 参数，具有阻抗的性质，分别表示为

$$Z_{11} = \left.\frac{\dot{U}_1}{\dot{I}_1}\right|_{\dot{I}_2=0}, \quad Z_{12} = \left.\frac{\dot{U}_1}{\dot{I}_2}\right|_{\dot{I}_1=0}, \quad Z_{21} = \left.\frac{\dot{U}_2}{\dot{I}_1}\right|_{\dot{I}_2=0}, \quad Z_{22} = \left.\frac{\dot{U}_2}{\dot{I}_2}\right|_{\dot{I}_1=0}$$

由此可见，只要将双口网络的输入端与输出端分别开路，测出相应的电压、电流之后，就可以确定双口网络的 Z 参数了。

若将双口网络的输出端电压 U_2 和输出端电流 $-I_2$ 作为自变量，输入端电压和输入端电流作为因变量，则特性方程为

$$\dot{U}_1 = A_{11}\dot{U}_2 + A_{12}(-\dot{I}_2)$$
$$\dot{I}_1 = A_{21}\dot{U}_2 + A_{22}(-\dot{I}_2)$$

式中 A_{11}、A_{12}、A_{21}、A_{22} 为双口网络的 A 参数，分别表示为

$$A_{11} = \left.\frac{\dot{U}_1}{\dot{U}_2}\right|_{\dot{I}_2=0}, \quad A_{12} = \left.\frac{\dot{U}_1}{-\dot{I}_2}\right|_{\dot{U}_2=0}, \quad A_{21} = \left.\frac{\dot{I}_1}{\dot{U}_2}\right|_{\dot{I}_2=0}, \quad A_{22} = \left.\frac{\dot{I}_1}{-\dot{I}_2}\right|_{\dot{U}_2=0}$$

可见 A 参数也可以用实验的方法测得。

若在输出端接上负载电阻 R_L，则根据 A 参数方程，1-1'端口的输入阻抗为

$$Z_{in} = \frac{\dot{U}_1}{\dot{I}_1} = \frac{A_{11}Z_L + A_{12}}{A_{21}Z_L + A_{22}}$$

双口网络的外特性可以用 3 个阻抗（或导纳）元件组成的 T 型等效电路来代替，其 T 型等效电路如图 5.38 所示，若已知网络的 Z 参数，则阻抗 Z_1、Z_2、Z_3 分别为

$$Z_1 = Z_{11} - Z_{12}, \quad Z_2 = Z_{22} - Z_{12}, \quad Z_3 = Z_{12} = Z_{21}$$

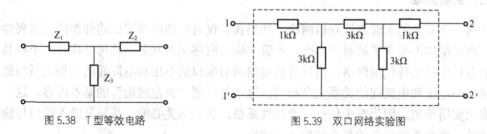

图 5.38 T 型等效电路   图 5.39 双口网络实验图

四、实验内容

1. 测量图 5.39 所示双口网络的 Z 参数和 A 参数。

2. 在双口网络的输出端 2–2′端接上 2kΩ 的负载电阻，测定 1–1′端的输入电阻 R_{in}。

3. 求出双口网络的 T 型等效电路，测出其 Z 参数、A 参数和接上 2kΩ 负载电阻后的输入电阻。

五、注意事项

1. 稳定电源作电流源使用时，输出端不能开路。

2. 稳定电源的输出电压或输出电流不要过大。

3. 测量时要注意电流的参考方向。

4. 实验过程中要使用计算器。

六、实验报告要求

1. 通过实验数据计算 Z 参数和 A 参数，验证网络的互易性。

2. 验证双口网络的 T 型等效电路与原双口网络的等效性。

3. 由测得的 A 参数计算输入电阻，并与实测值比较。

七、实验元器件

直流稳压电源、模拟实验箱、数字万用表

电　阻　1kΩ 2 只；2kΩ 1 只；3kΩ 3 只

可变电阻器　4.7 kΩ　　　3 只

实验一 单管电压放大器

一、实验目的

1．学习调试、测试放大器的静态工作点。

2．掌握放大器的电压放大倍数和输入、输出电阻的测量方法。

3．培养查找、排除电路故障的初步能力。

二、预习要求

1．设三极管 β=220，在工作点 U_{CE}=6.0V，I_C=2mA，计算 R_L=∞ 和 R_L=2kΩ 时放大电路的电压放大倍数和输入、输出电阻，估算放大电路空载时的最大不失真输出电压。

2．描述当 U_{ipp}=0.1V，R_w 分别为 100kΩ 和 0 时 u_o 的波形，计算对应的 U_{CE}，指出饱和失真和截止失真。

3．阅读第 1 章 1.1 和 1.2 节，掌握常用电子元器件的识别和简单测试。

4．使用 EWB 软件进行仿真。取 β=220，求电路的电压放大倍数，并在 U_{ipp}=0.1V 时，观察 R_w 分别为 100kΩ 和 0 时的失真波形。

三、实验原理

1．实验参考电路。

单管电压放大电路如图 6.1 所示，接入 R_{b1} 是为了防止当 R_w 的值过小时，由于 I_B 太大而使 I_C 过大烧坏三极管。

2．工作原理。

静态工作点：

$$U_B = \frac{R_{b2}}{R_w + R_{b1} + R_{b2}} U_{CC}$$

$$I_B = \frac{1}{\beta} \frac{U_B - U_{BE}}{R_e}$$

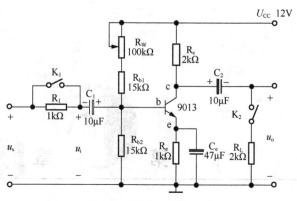

图 6.1 单管电压放大电路

$$U_{CE} = U_{CC} - R_c I_c - R_e I_E = U_{CC} - (R_c + R_e)\frac{U_B - U_{BE}}{R_e}$$

由此可见，调节 R_w 即可改变 I_B 和 U_{CE}，从而取得合适的静态工作点。

动态参数：

电压放大倍数：

$$A_u = \frac{U_o}{U_i} = \beta\frac{R_c \| R_L}{r_{be}}$$

输入电阻：

$$R_i = R_b \| r_{be} = (R_W + R_{b1}) \| R_{b2} \| r_{be}$$

输出电阻：

$$R_o = R_c$$

电压放大倍数测量：

$$A_u = \frac{U_o}{U_i}$$

（1）输出电阻的测量。

按图 6.2 所示测量原理有

$$R_o = (\frac{U_{o\infty}}{U_{oL}} - 1)R_L$$

（2）输入电阻的测量。

按图 6.3 所示测量原理有

$$R_i = \frac{U_i}{U_s - U_i}R_l$$

为提高测量精度，R_L 与 R_1 的取值应与 R_o 与 R_i 的值在同一数量级。

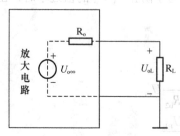

图 6.2 输出电阻测量原理

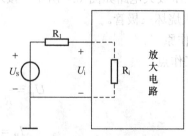

图 6.3 输入电阻测量原理

四、实验内容和步骤

1. 工作点调测。

接通电源，使 $U_{CC}=12.0V$（以万用表测量值为准），调节 R_W，使 $U_{CEQ}=6.0V$，测量 U_{BEQ}、U_{Rc}、U_{Rb1}、U_{Rb2}，并断线后测量 R_W（电位器不取出），数据记录于表 6.1 中。

表 6.1　　　　　　　　　　　　　　　　静态工作点

β (I_C/I_B)	U_{CC}/V	U_{CEQ}/V	U_{BEQ}/V	I_{CQ} (U_{Rc}/R_c) /mA	I_{BQ} ($U_{Rb1}/R_{b1}-U_{Rb2}/R_{b2}$) /μA	R_W/kΩ

2. 放大倍数和输出电阻测试。

放大器输入 $U_{pp}=10mV$，$f=1kHz$ 的正弦信号，用示波器观察 u_o 和 u_i 波形的幅值和相位，在 u_o 不失真的前提下，用示波器测出 $R_L=\infty$ 和 $R_L=2k\Omega$ 时的输出电压峰-峰值（见表 6.2），算出电压放大倍数和输出电阻。

表 6.2　　　　　　　　　　　　　动态参数测量　　　　　　　　（电压均为峰-峰值）

U_i/mV	$U_{o\infty}$/V	U_{oL}/V	A_{uL}	R_o	U_s	R_i	A_{ul}(计)	R_o(计)	R_i(计)

由于信号发生器存在内阻，同时放大器的输入电阻并不是无穷大，因此，输入信号电压的测量应在放大器正常工作时进行，否则会增大测量误差。

3. 输入电阻测试。

接入 R_1，适当增大信号发生器的输出电压，在 u_o 不失真时，用示波器测出 u_s 和 u_i 的峰-峰值，算出输入电阻。

4. 最大不失真输出电压（空载）的测量。

增加放大器的输入电压，直到 u_o 波形的正或负峰出现一定的削波失真，调节工作点，使失真消失，再增大输入电压，使失真重新出现，再调工作点，如此反复，直到饱和失真和截止失真同时出现，此时的不失真输出电压即为放大电路的最大不失真输出电压。

五、注意事项

1. 组装电路时，注意三极管的 3 个电极及电容器的正负极不能接错，否则会损坏元件，三极管的 3 个电极要垂直插入面包板孔中。

2. 元件及连线在面包板上一定要插紧，否则会因接触不良造成电路故障。

3. 测静态工作点时，要关闭信号源。

六、实验报告要求

1. 认真记录实验数据和波形，对结果与理论值进行比较，找出产生误差的原因。

2. 分析在实验内容中的波形变化的原因及性质。

3. 记录在组装和调试电路过程中发生的故障，说明排除故障的过程和方法。

七、实验元器件

三极管   9013   1 只
电 阻   1kΩ、2kΩ、15kΩ 各 2 只
电 容   10μF 2 只 ； 47μF 1 只
电位器   100kΩ   1 只

附：实验故障分析

本实验可能产生的电路故障主要有以下 3 个。

1．调静态工作点时，U_{CE} 不变且与 U_{CC} 相等。

分析：$U_{CE}=U_{CC}-I_C(R_c+R_e)=U_{CC}-\beta I_B(R_c+R_e)$，此故障说明 $I_B=0$ 或 $\beta=0$。$I_B=0$ 意味着基极电路没接通或发射极没接地，$\beta=0$ 意味着三极管损坏。

2．调静态工作点时，U_{CE} 虽有变化，但总是小于 6V。

分析：根据预习的计算结果，6V 应在 U_{CE} 的变化范围内，现在 U_{CE} 总是小于 6V，说明 I_B 总是偏大或 R_c 过大，I_B 偏大意味着 R_b 偏小，首先检查 R_c 是否为 2k 电阻，然后再检查 R_W：①是否为 100kΩ 电位器；②连接是否正确（边上 2 个引脚不能连在一起，否则其变化范围为 0～25kΩ）。

3．输出电压与计算值相比明显偏小，且与输入信号不完全反相。

分析：工作点调好，说明直流通道已正常工作，现在交流信号输入后，输出信号不正常，说明交流通道有问题。直流通道正常而交流通道有故障，在这个实验中，这种故障就只能出在电容器上，可检查电容器是否反接、损坏或接触不良。

实验二　结型场效应管共源放大电路

一、实验目的

1．了解结型场效应管的可变电阻特性。
2．掌握场效应管共源放大电路的特点。

二、预习要求

1．设场效应管的 $I_{DSS}=5mA$、$g_m=2ms$、$U_P=-5V$，试计算图 6.4 中的 U_{DS}、I_D、U_{GS} 和 A_u、R_i、R_o。
2．测出所用场效应管的 I_{DSS}、g_m 和 U_P 值。
3．阅读 2.1、2.2 节，设计一测量高输入阻抗的测试方案。

三、实验原理

1．结型场效应管的特性。

N 沟道结型场效应管的输出特性如图 6.5 所示。在预夹断前，若 U_{GS} 不变，曲线的上升

部分基本上为过原点的一条直线，故可以将场效应管 d、s 之间看为一电阻，$r_{ds} = \dfrac{\Delta u_{DS}}{\Delta i_D}$，改变 U_{GS} 的值，可以得到不同的 r_{ds} 值。预夹断后曲线近于水平，这就是饱和区，场效应管作放大器用时通常就工作在这个区域。

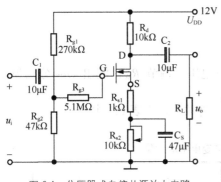

图 6.4 分压器式自偏源放大电路

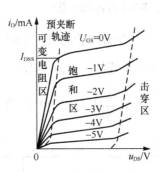

图 6.5 场效应管出特性

测量 r_{ds} 的实验参考电路如图 6.6 所示。图中 u_i 为 1kHz 的交流电压，U_{GG} 为直流电源，d、s 回路的电流 $i_D = \dfrac{u_1}{R_d}$，故

$$r_{ds} = \frac{u_2}{i_D} = \frac{u_2}{u_1} R_d$$

转移特性曲线是场效应管工作在饱和区，当 U_{DS} 为常数时，I_D 与 U_{GS} 的关系曲线，如图 6.7 所示。$U_{GS}=0$ 时的 I_D 称为饱和漏极电流 I_{DSS}，$I_D=0$ 时的 U_{GS} 称为夹断电压 U_P，转移特性曲线可用下式表示：

$$I_D = I_{DSS}(1 - \frac{U_{GS}}{U_P})^2 \qquad U_P \leqslant U_{GS} \leqslant 0$$

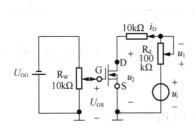

图 6.6 测量 r_{ds} 的实验参考电路

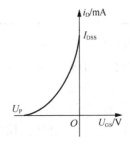

图 6.7 场效应管转移特性

2．分压式自偏压共源放大电路。

实验参数电路为图 6.4 所示。静态时

$$U_{GS} = U_G - U_S = \frac{R_{g2}}{R_{g1} + R_{g2}} U_{DD} - I_D(R_{S1} + R_{S2})$$

电压放大倍数：
$$A_u = \frac{U_o}{U_i} = -\frac{g_m R_L'}{1 + g_m R_{s1}}$$

输入电阻：

$$R_i=R_{g3}+R_{g1}\|R_{g2}$$

输出电阻：

$$R_o=R_d$$

四、实验内容和步骤

1．测量场效应管的可变电阻。

按图 6.6 连线，u_i 为 1kHz、40mV 的交流电压。调节 R_W，测出 U_{GS} 分别为 0、$\dfrac{U_P}{5}$、$\dfrac{2}{5}U_P$、$\dfrac{3}{5}U_P$、$\dfrac{4}{5}U_P$ 时 U_1 和 U_2 的值，算出 r_{ds}，将数据填入表 6.3 中。

表 6.3　　　　　　　　测量场效应管可变电阻的测量　　　　　　　　$U_P=$　　$R_d=$

U_{GS}（V）	0	$\dfrac{1}{5}U_P$	$\dfrac{2}{5}U_P$	$\dfrac{3}{5}U_P$	$\dfrac{4}{5}U_P$
U_1（mV）					
U_2（mV）					
r_{ds}（Ω）					

2．共源放大电路。

（1）调测静态工作点。

按图 6.4 连线，接通电源 U_{DD}，使 $u_i=0$（输入端接地），调节 R_{s2}，使 $U_{DS}=6.0V$，测量 U_G、U_S、U_D，算出 I_d，数据填入表 6.4 中。

表 6.4　　　　　　　　场效应管放大电路的静态工作点

U_G（V）	U_S（V）	U_D（V）	U_{DS}（V）	I_D（mA）

（2）测量电压放大倍数。

输入 $f=1kHz$，有效值为 0.1V 的正弦电压，在输出电压不失真的前提下，测出输出电压的有效值，并计算出 A_u。

（3）测量输出电阻。

根据实验一中测量输出电阻的原理，自选电阻 R_L 进行测量。

（4）测量输入电阻。

根据自拟的测量高输入阻抗的方案，测出此共源放大电路的输入电阻。

五、注意事项

由于场效应管参数的分散性较大，所用场效应管的 U_P 和 I_{DSS} 均需按规定测试。

六、实验报告要求

1．以 r_{ds} 为纵坐标，U_{GS} 为横坐标，作出 $r_{ds}=f(U_{GS})$ 的关系曲线。

2．比较实测静态工作点与根据实际的结型场效应管参数计算值之间的误差，分析产生误差的原因。

3．比较 A_u、R_i、R_o 的实测值与理论计算值，分析产生误差的原因。

七、实验元器件

结型场效应管　3DJ6　1 只

电　阻　51MΩ、270kΩ、47 kΩ、2 kΩ　各 1 只，10 kΩ　2 只

电位器　100 kΩ、10 kΩ　各 1 只

电　容　0.1μF、10μF、47μF　各 1 只

实验三　多级放大电路与负反馈

一、实验目的

1．掌握多级放大电路调试、测试及查找排除故障的基本方法。

2．掌握放大电路频率特性的测量方法。

3．验证负反馈对放大器性能的影响。

二、预习要求

1．根据各个三极管的 β 值及图 6.8 中的参数，在 U_{CC}=12.0V，I_{E1}=2.0mA、I_{E2}=4.0mA 的条件下，计算无反馈时各级的电压放大倍数及输入、输出电阻，计算结果填入表 6.5 中。

表 6.5 　　　　　　　　　　　　多级放大电路的静态工作点

	β	U_E（V）	I_E（mA）	U_C(V)	R_W(kΩ)
第一级					
第二级					

2．使用 EWB 软件求出电路无反馈及有反馈时的截止频率，打印出无反馈时电路的幅频特性曲线。

3．阅读第 3 章 3.1、3.2 节，掌握电子电路调试的基本方法。

三、实验原理

1．实验参考电路。

本实验电路（见图 6.8）输入端加入一个 $\dfrac{R_2}{R_1+R_2} \approx \dfrac{1}{200}$ 的分压器，其目的是为了使晶体管毫伏表可在同一量程下测量 u_s 和 u_o，以减少因仪表不同量程带来的附加误差。R_2 的选择满足条件 $R_2 < R_{il}$。C_4 的作用是使放大器的 f_H 下降，便于用一般的实验室仪器进行测量，如输出有振荡，可在 T_2 的基极和集电极之间接入 200pF 的电容。

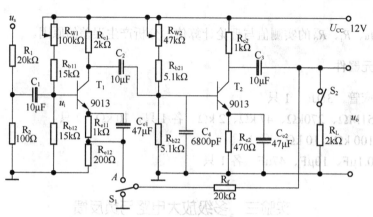

图 6.8　多级放大与负反馈电路

2. 工作原理。

阻容耦合多级放大器由于耦合电容的隔直作用，级与级之间的静态工作点是完全独立的，不会相互影响，因此，我们可以一级一级地调整各级的静态工作点至最佳位置。对交流信号而言，前级的输出电压就是后级的输入电压，后级的输入阻抗就是前级的负载。

（1）无反馈时：

电压放大倍数

$$A_u = A_{u1} \cdot A_{u2} = -\beta_1 \frac{R_{c1} \parallel R_{i2}}{r_{be1} + (1+\beta_1)R_{e12}} (-\beta_2) \frac{R_{c2}}{r_{be2}}$$

式中

$$R_{i2} = (R_{w2} + R_{b21}) \parallel R_{b22} \parallel r_{be2}$$

输入电阻

$$R_i = R_{i1} = (R_{w1} + R_{b11}) \parallel R_{b12} \parallel [r_{be1} + (1+\beta_1)R_{e12}]$$

输出电阻

$$R_o = R_{o2} = R_{c2}$$

（2）引入反馈后构成电压串联负反馈，反馈系数

$$F = \frac{R_{e12}}{R_{e12} + R_f} \approx \frac{R_{e12}}{R_f}$$

电压放大倍数

$$A_{uf} = \frac{A_u}{1 + A_u F}$$

输入电阻

$$R_{if} = R_i (1 + A_u F)$$

输出电阻

$$R_{of} = \frac{R_o}{1 + A_u F}$$

截止频率

$$f_{Hf} = f_H (1 + A_u F)$$

四、实验内容与步骤

1. 调测静态工作点。

开关 S 接地，调 R_{w1} 和 R_{w2}，使 U_{E1}=2.4V、U_{E2}=1.9V。此时 I_{E1}=2.0mA，I_{E2}=4.0mA，测出 U_{C1} 和 U_{C2}，断电断线后测出 R_{W1} 和 R_{W2}，测量数据填入表 6.5 中。

2. 测无反馈时放大器的指标。

（1）开环增益和输出电阻的测量：将 u_s 调为 2kHz，有效值是 100mV 的正弦电压，在输出波形不失真的前提下，测电压放大倍数和输出电阻。

（2）通频带测量：在保持 U_s=100mV 不变的前提下，改变信号的频率，找出放大器输出电压值降至原值的 0.707 倍时所对应的频率，此即放大电路的上（下）限频率 $f_H(f_L)$。然后按表 6.6 所给出的 f 值，测试放大器的幅频特性。

表 6.6　　　　　　　　　　　　放大电路的频率特性　　　　　　　　　　f_L=　　f_H=

f(Hz)	20	40	10^2	~$0.5f_L$	~$1.5f_L$	$1×10^3$	10^4	~$0.5f_H$	~$1.5f_H$	10^5
lg$f$										
U_{o2}(mV)										
A_u										
$20\lg A_u$										

3. 测有反馈时放大器的指标。

开关 S 接 A，重复步骤 2，测出 A_{uf}、R_{of}、f_L、f_H，数据记录于表 6.7 中。

表 6.7　　　　　　　　　电压放大倍数、输入电阻、输出电阻的测量

		A_{u1}	A_u	R_o(kΩ)	f_H(kHz)	f_L(Hz)	R_i(kΩ)	
无反馈	计算值				/	/		
	实验值	U_{o1}=	$U_{o∞}$=	U_{oL}=			U_s=	R_i
		A_{u1}=	$A_{u∞}$=	R_o=			U_i=	
有反馈	计算值	/			/	/		
	实验值	U_{o1}=	$U_{o∞}$=	U_{oL}=			U_s=	R_{if}
		A_{u1}=	$A_{u∞}$=	R_o=			U_i=	
			$\dfrac{A_u}{A_{uf}}$=	$\dfrac{R_o}{R_{of}}$=	$\dfrac{f_{Hf}}{f_H}$=	$\dfrac{f_L}{f_{Lf}}$=	$\dfrac{R_{if}}{R_i}$=	

4. 测放大器的输入电阻 R_i 和 R_{if}。

拆去图 6.8 中的 R_2，减小 U_s 的值，在输出波形不失真的情况下，测出 U_s 和 U_i，用公式 $R_i = \dfrac{U_i}{U_s - U_i} R_1$ 计算出 R_i，数据记录于表 6.7 中。

五、注意事项

1. 本次实验元器件较多，插接电路时要注意正确连接且要接触良好。
2. 发现电路故障，先查静态工作点，再逐级查交流通道。
3. 用毫伏表测各交流电压时，要用示波器监测输出波形并保持输出波形不失真。

4. R_1、R_2 的值应精确测定。

六、实验报告要求

1. 认真记录和整理各项数据并与理论值比较，分析产生误差的原因。
2. 以 $20\lg A_u$ 为纵坐标，$\lg f$ 为横坐标，作出无反馈时放大器的幅频特性曲线。
3. 由实验结果说明电压串联负反馈对放大器性能的影响。
4. 记录实验出现的故障及查找排除故障的方法和过程。

七、实验元器件

三极管　9013　2 只

电　阻　100Ω、200Ω、470Ω 各一只，1kΩ、2kΩ、5.1kΩ、15kΩ、20kΩ 各 2 只

电　容　10μF 3 只，47μF　2 只，6800pF、200pF　各 1 只

电位器　47kΩ、100kΩ　各 1 只

实验四　功率放大电路

一、实验目的

1. 掌握 OTL 互补对称功率放大电路的最大输出功率、效率的测量方法。
2. 测量集成功率放大电路的主要技术指标。

二、预习要求

1. 复习互补对称功率放大电路的工作原理及特点。
2. 计算理想情况下实验电路的最大输出功率、管耗及直流电源供给的功率和效率。
3. 认真组装好实验电路。

三、实验原理

1. 功率放大电路简介。

功率放大电路的作用就是把电源的直流能量按照输入信号的变化规律转换成交流能量，无失真（或失真很小）地传送给负载，因此要求功率放大电路具有输出功率大、转换效率高、非线性失真小的特点，这 3 个特点也就是研究功率放大电路的主要问题。

功率放大电路一般由前置级、放大倒相级和输出级组成，前置级的主要作用是与信号源内阻相匹配，把输入信号与反馈信号相综合，它应具有输入阻抗高、噪声小等特点。放大倒相级的主要作用是对有用信号进行反相放大，使其输出幅度足够而相位相反的电压信号去推动输出级，它应具有放大倍数高、倒相性能好的特点。输出级的作用是将放大级的小功率信号转换成大功率信号去带动负载，由于输出级工作的动态范围大，在选择晶体管时，应使耐压、最大集电极电流及功耗满足要求。

按照输出级与负载的耦合方式，功率放大电路分为电容耦合（OTL 电路）、直接耦合（OCL 电路）和变压器耦合电路 3 种。

OTL 电路的特点是可单电源工作，但由于大容量耦合电容的存在，影响输出的低频响应，且不易集成。

OCL 电路的特点是低频响应好、易集成，但要双电源工作，且输出功率受负载阻抗大小的影响。

变压器耦合电路可通过输出变压器实现阻抗匹配，把实际负载变换成与输出级匹配的最佳负载，从而得到最大输出功率。其缺点是变压器的体积大、成本高、频率响应差，且不易集成。

2. OTL 互补对称功率放大器。

图 6.9 是一种实用的带自举电路的 OTL 互补对称功率放大电路，T_1 为前置级兼反相放大级，T_2、T_3 组成输出级，R_W 是级间负反馈电阻，形成直流交流电压并联负反馈。静态时，调节 R_W 使 A 点电位为 $U_{CC}/2$，并且由于负反馈的作用，使 U_A 稳定在这个数值上，此时耦合电容 C_2 和自举电容 C_3 上的电压都将集中到接近 $U_{CC}/2$。D_1、D_2 上的压降（约 1.3V）作为 T_2、T_3 的偏置电压，使输出级工作在甲乙类。

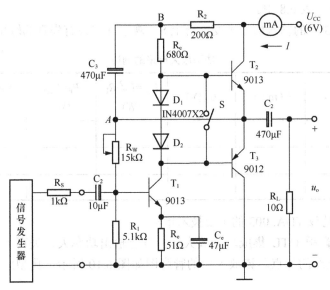

图 6.9 带自举电路的 OTL 功率放大器

C_3 和 R_2 组成自举电路，目的是在输出正半波时，利用 C_3 上电压不能突变的原理（实际上是 $\tau = R_2C_3$ 远大于信号的半周期），使 B 点的电位始终比 A 点高约 $U_{CC}/2$，从而保证了 T_2 在 A 点电位上升时仍能充分导通，提高最大不失真输出幅度。

在理想情况下（$U_{om} = \frac{1}{2}U_{CC}$），OTL 互补对称功放电路的最大输出功率为

$$P_{om} = \frac{I_{om}}{\sqrt{2}} \cdot \frac{U_{om}}{\sqrt{2}}$$

$$= \frac{1}{2} \cdot \frac{U_{CC}}{2R_L} \cdot \frac{U_{CC}}{2}$$

$$= U_{CC}^2 / 8R_L$$

理想情况下直流电源供给的平均功率为

$$P_E = \frac{4}{\pi} P_{om}$$

因此，理想情况下的效率为

$$\eta = \frac{P_{om}}{P_E} = \frac{\pi}{4} = 78.5\%$$

最大输出功率时，三极管的管耗为

$$P_T = P_E - P_{om}$$

四、实验内容和步骤

1. 按图 6.9 连线，S 断开，调节 R_W，使 $U_A = U_{CC}/2$。

2. 在有自举的情况下，给放大器输入 1kHz 的正弦信号电压，逐渐加大输入电压幅值，直至输出电压的波形为临界削波，用万用表测出输出电压的有效值，并测出此时的电源电压 U_{CC} 和电源电流 I，数据填入表 6.8 中。

3. 取下电容 C_3，在不加自举的情况下，测出最大不失真输出电压及对应的电流电压和电源电流，数据填入表 6.8 中。

4. 保持内容 3 中的输入信号不变，合上 S，观察并记录有失真的输出波形。

表 6.8   功率放大电路的测量

	U_o(V)	I（mA）	U_{cc}(V)	$P_{om}=U_o^2/R_L$ (W)	$P_E=U_{cc}I$ (W)	$P_T=P_E-P_{om}$ (W)	$\eta=\dfrac{P_{om}}{P_E}$
加自举							
不加自举							
TDA2003							

5. 测试集成功放 TDA2003 的主要技术指标。

TDA2003 为音频 OTL 集成功率放大器，具有输出功率大、失真小、外接元件少，并有各种内部保护电路的特点。该放大器的管脚图如图 6.10 所示，典型应用电路图如图 6.11 所示。

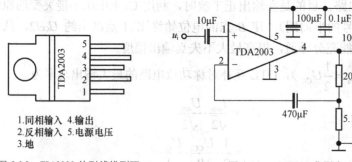

1.同相输入   4.输出
2.反相输入   5.电源电压
3.地

图 6.10   TDA2003 外引线排列图   图 6.11   TDA2003 典型应用电路图

在电源电压 $U_{CC} = 15V$，输入信号频率 $f = 1kHz$ 条件下，测量此集成功放的最大不失真输出电压及对应的电源电流，数据填入表 6.8 中。

五、注意事项

1. T_2、T_3 的 β 值应比较接近，否则会减小最大不失真输出电压。

2. 负载 R_L 可开路，但不可短路，电容器、二极管不可接反，否则有可能损坏元件。

六、实验报告要求

1. 列出实验结果，说明 P_{om} 及 η 值偏离理想值的主要原因。

2. 回答问题：

（1）图 6.9 中 D_1、D_2 的作用是什么？如果静态电流过大，应如何处理？

（2）自举电路的引入带来什么好处，R_2 的作用是什么？

七、实验元器件

集成功率放大器　　TDA2003　　1 片

三极管　9013　2 只 ，9012　1 只

二极管　IN4007　2 只

电　阻　10Ω（2W 功率电阻）、5.1Ω、51Ω、200Ω、680Ω、5.1kΩ　各 1 只

电　容　470μF　2 只，1000μF、47μF、10μF、0.1μF 各 1 只

电位器　15kΩ 1 只

实验五　基本运算电路

一、实验目的

1. 熟悉用运算放大器构成基本运算电路的方法。

2. 掌握非正弦信号电压有效值的测量和计算方法。

二、预习要求

1. 复习由运算放大器组成的反相比例、反相加法、比例减法、比例积分等运算电路的工作原理。

2. 按各实验电路图中的参数，计算实验数据表格中 u_o 的理论值，并根据方波的幅值和频率，计算积分器输出信号的幅值。

3. 阅读第 2 章第 2.2 节，计算幅值为 1V 的方波信号用万用表测量时所显示的电压值。

三、实验原理

1. 反相比例器。

如图 6.12 所示，输入输出之间的关系为

$$u_o = -\frac{R_f}{R_1} u_i$$

2. 反相加法器。

如图 6.13 所示，输入、输出之间的关系为

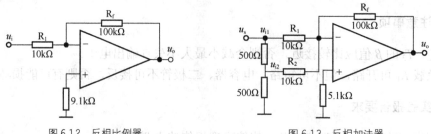

图 6.12 反相比例器 　　　　　　　　　图 6.13 反相加法器

$$u_o = -(\frac{R_f}{R_1}u_{i1} + \frac{R_f}{R_2}u_{i2})$$

3．比例减法器。

如图 6.14 所示，当 $R_1=R_2$ 时，输入输出之间的关系为

$$u_o = \frac{R_f}{R_1}(u_{i2} - u_{i1})$$

4．比例积分器。

如图 6.15 所示，输入信号为方波。R_f 的作用是通过直流负反馈，减小运放输出端的直流漂移，防止对失调电流的积分而使输出饱和。R_f 的加入将对电容 C 产生分流作用，从而导致积分误差。为尽量减小误差，一般需满足 $R_fC \gg R_1C$，通常取 $R_f \geq 10R_1$，$C < 1\mu F$。由 $i_R=i_C$ 可得，$\frac{u_i}{R_1} = -C\frac{du_o}{dt}$，设电容的初始电压为零，输入信号是幅值为 U 的阶跃信号，则有

$$u_o = -\frac{1}{R_1C}\int_0^t u_i dt = -\frac{U}{R_1C}t$$

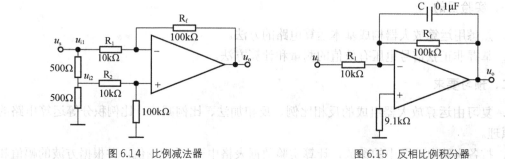

图 6.14 比例减法器 　　　　　　　　　图 6.15 反相比例积分器

U 为正值时，输出电压随时间线性下降；U 为负值时，输出电压随时间线性上升。考虑到电容电压不能突变，因此，与输入信号为方波对应的输出电压是三角波，高电平对应下降段，低电平对应上升段。

四、实验内容和步骤

电源电压调至 12V 后关闭电源，给集成运算放大器接上正负电源线和地线，确认无误后，再接通电源，按如下步骤进行实验。

1．反相比例运算。

按图 6.12 连线，从信号发生器输入 1kHz 的正弦电压 u_i，其峰-峰值按表 6.9 要求，用

示波器测量输出电压 u_o 并观察 u_o 与 u_i 的相位关系，数据记录在表 6.9 中。

表 6.9　　　　　　　　　　　　反相比例器和积分器的测量

U_{opp} / U_{ipp}	计算值	测量值	$A_f = \dfrac{U_{opp}}{U_{ipp}}$	积分器输入、输出波形（画在同一坐标中，注明幅值）
100mV				
200mV				
300mV				

2．积分运算。

在图 6.12 所示电路的基础上，在 R_f 两端并联一个 0.01μF 的电容，输入信号改为频率 1kHz，幅值为 1V 的方波。用示波器观察 u_i 和 u_0 的幅值与相位关系，并用万用表测量其电压值。用万用表测量 R_1 的值和 C 的容量。

3．加法运算。

按图 6.13 连线，输入 1kHz 的正弦波，按表 6.10 要求调节输入信号的大小，用示波器观察 u_o 与 u_{i1} 的相位关系并测出 u_o 的峰-峰值，数据填入表 6.10 中。

4．减法运算。

按图 6.14 连线，实验步骤同内容 3，数据填入表 6.10 中。

表 6.10　　　　　　　　　　　　加法器和减法器的测量

U_{opp} / U_{ipp}	加法器		减法器	
	计算值	测量值	计算值	测量值
U_{i1pp}=200mV U_{i2pp}=100mV				
U_{i1pp}=400mV U_{i2pp}=200mV				

五、注意事项

1．集成运算放大器的各个管脚不能接错，特别是正负电源不能接反，否则将烧坏集成块。

2．积分器的输入输出波形画在同一坐标中。

六、实验报告要求

1．记录和整理实验所得数据和波形，并与理论值比较，分析产生误差的原因。

2．对积分器进行定量的误差分析。

利用万用表测出的 u_i 和 u_o 的电压值，通过波形参数转换求出对应的幅值，并考虑反馈电阻 R_f 的分流作用进行误差分析。

七、实验元器件

集成运算放大器　μA741　1 片
电　阻　10kΩ、100 kΩ 各 2 只，5.1 kΩ、9.1 kΩ　各 1 只
电　容　0.01μF　1 只
电位器　1 kΩ　1 只

实验六　文氏电桥振荡器

一、实验目的

1. 通过实验进一步掌握文氏电桥式 RC 振荡器的工作原理，研究负反馈强弱对振荡的影响。
2. 学习用示波器测量正弦波振荡器振荡频率、开环幅频特性和相频特性的方法。

二、预习要求

1. 复习 RC 文氏电桥振荡器的工作原理，计算实验用电路的振荡频率。
2. 回答问题：欲使振荡器能正常工作，电位器 R_W 应调在何处？

三、实验原理

1. 参考实验电路
参考实验电路如图 6.16 所示。

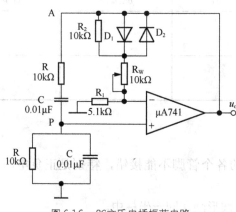

图 6.16　RC 文氏电桥振荡电路

2. 工作原理

D_1、D_2 为稳幅二极管，与 R_2、R_W 一起构成负反馈等效电阻 R_f。当 u_o 幅值很小时，D_1、D_2 开路，等效电阻 R_f 较大，$A_{uf} = \dfrac{U_o}{U_P} = \dfrac{R_1 + R_f}{R_1}$ 较大，有利于起振；当 u_o 幅值较大时，D_1、D_2 导通，R_f 减小，A_{uf} 随之下降，u_o 幅值趋于稳定。
对 RC 串并联选频网络

$$\dot{F}_u = \frac{\dot{U}_p}{\dot{U}_o} = \frac{1}{3 + j(\frac{\omega}{\omega_0} - \frac{\omega_0}{\omega})}, \quad \omega_0 = \frac{1}{RC}$$

幅频特性

$$F_u = \frac{1}{\sqrt{3^2 + (\frac{\omega}{\omega_0} - \frac{\omega_0}{\omega})^2}}$$

相频特性

$$\varphi_f = -\arctan \frac{\frac{\omega}{\omega_0} - \frac{\omega_0}{\omega}}{3}$$

当 $\omega = \omega_0$ 时，幅频响应的幅值为最大

$$F_{umax} = \frac{1}{3}$$

$$\varphi_f = 0°$$

幅频特性曲线和相频特性曲线如图 6.17 所示。

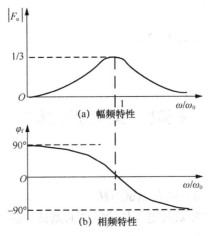

(a) 幅频特性

(b) 相频特性

图 6.17 RC 串并联选频网络的频率特性

四、实验内容和步骤

1. 按图 6.16 连线，调节 R_W，使 u_o 波形基本不失真，用示波器测出 u_o 的峰-峰值和频率，以及对应的 u_P 的峰-峰值。

2. 调节 R_W，观察负反馈强弱（即 R_W 大小）对输出波形的影响，测出 u_o 无明显失真时，其大小的变化范围，并测出 R_W 分别为 0、3 kΩ、7 kΩ、9.5 kΩ 时的输出电压值。

3. 测量开环幅频特性和相频特性。

在图 6.16 中 A 点断开，从 A 和地之间输入信号 u_A，改变 u_A 的频率（并保持 u_A 大小不变），用交流电压表测量相应的 u_P 值，用示波器测量 u_P 与 u_A 之间的相位差，数据记录于表 6.11 中。

表 6.11				开环幅频特性和相频特性的测量						$U_A=$
f(Hz)	50	70	100	200	500	1k	f_0	3k	7k	10k
U_p(V)										
φ(°)										
$F_u=U_p/U_A$										

五、注意事项

测量开环相频特性时，注意相位差 φ_f 在 f_0 前后要发生极性变化。

六、实验报告要求

1．将实验测得的 RC 正弦振荡器的振荡频率与计算值比较，分析产生误差的原因。

2．以 lg$f$ 为横坐标，作出开环幅频特性曲线和相频特性曲线，验证 RC 正弦振荡器的振荡条件。

七、实验元器件

集成运算放大器　μA741　1 片

二极管　2AP7　2 只

电　阻　5.1kΩ 各 1 只，10kΩ　3 只

电　容　0.01μF　2 只

电位器　10kΩ　1 只

实验七　集成门电路测试

一、实验目的

1．熟悉常用门电路的逻辑功能及测试方法。

2．掌握 TTL 与非门主要参数及电压传输特性的测试方法。

3．学习查阅数字器件手册。

二、预习要求

1．了解所用器件的内部线路、外引线排列、逻辑功能和重要参数。

2．熟悉各测试电路，掌握测试原理和测试方法。

三、实验原理

1．门电路的逻辑功能。

门电路是数字电路的基本单元电路，用于实现一定的逻辑功能，常用门电路的类型、逻辑式、逻辑符号与参数型号如表 6.12 所示。

2．集电极开路（OC）与非门和三态（3S）输出门。

集电极开路与非门在使用时，输出端需经外接集电极电阻 R_c 与电源相接，如图 6.18 所

示，集电极电阻 R_c 的值应满足

$$\frac{U_{CC} - U_{OHmin}}{nI_{OH} + kI_{IH}} > R_c > \frac{U_{CC} - U_{OLmax}}{I_{Omax} - mI_{IL}}$$

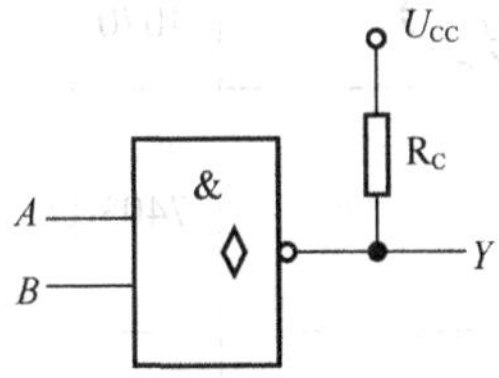

图 6.18 集电极开路与非门

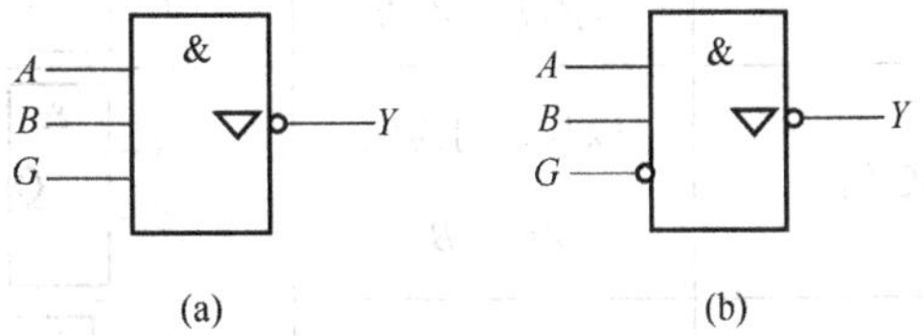

(a)　　　　　　　　(b)

图 6.19 三态逻辑与非门

其中 U_{OHmin} 为输出高电平电压的下限，U_{OLmax} 为输出低电平电压的上限，I_{OH} 为输出高电平电流，I_{IH} 和 I_{IL} 分别为输入高电平和输入低电平电流，I_{Omax} 为每个 OC 门所允许的最大输出低电平电流，n 为前级 OC 门的个数，m 为后级与非门的个数，k 为 m 个与非门的输入端个数。

表 6.12　　　　　　　　　　　常用门电路的逻辑功能及型号

类型		逻辑式	标准逻辑符号	通用逻辑符号	参考型号
与门		$Y = A \cdot B$	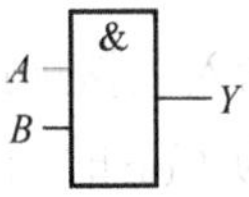	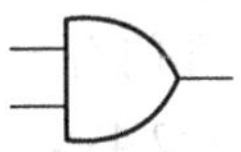	7408 4081　4082
或门		$Y = A + B$	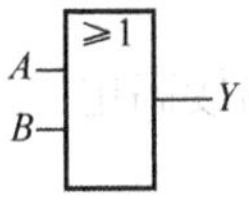	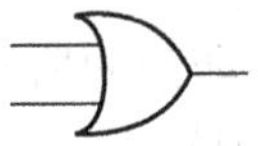	7432 4071　4075
非门 （反相器）	无放大作用	$Y = \overline{A}$	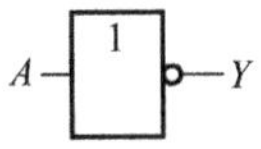	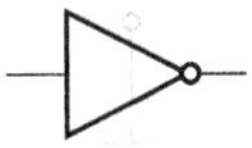	7404　7405(OC) 4049　4069
	有放大作用		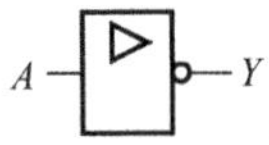		7406(OC)
与非门		$Y = \overline{A \cdot B}$	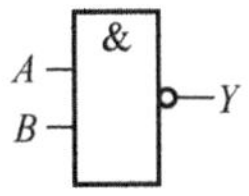	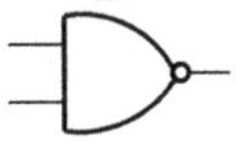	7400　7410 7430　74132 4011　4012
或非门		$Y = \overline{A + B}$	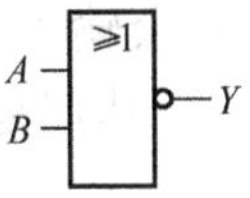	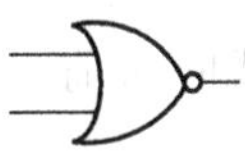	7402　7425 7427　4001 4002　4025
与或非门		$Y = \overline{A \cdot B + C \cdot D}$	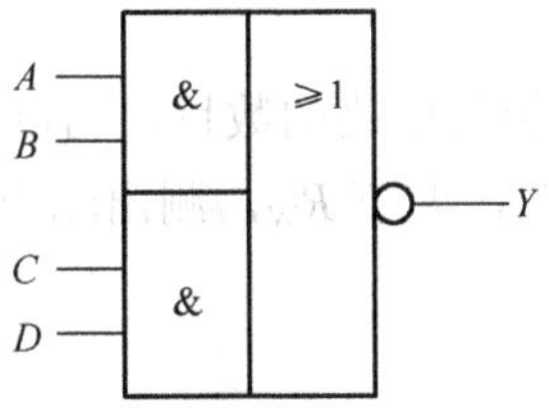		7451 4085

续表

类型	逻辑式	标准逻辑符号	通用逻辑符号	参考型号
异或门	$Y = A \oplus B$ $= A \cdot \overline{B} + \overline{A} \cdot B$			7486 4070
OC 门	以与非门为例 $Y = \overline{A \cdot B}$			7403(OC)
三态门	$EN=1$ 时,$Y = \overline{A \cdot B}$ $EN=0$ 时,Y 为高阻态			74126

三态输出门的输出端有 3 种状态:高电平、低电平和无逻辑意义的高阻状态。三态逻辑与非门如图 6.19 所示,其中图(a)表示 G 接高电平为工作状态,$Y = \overline{A \cdot B}$,G 接低电平时呈高阻状态;图(b)表示 G 接低电平为工作状态,$Y = \overline{A \cdot B}$,G 接高电平时呈高阻状态。

3. TTL 与非门的测试。

(1) TTL 与非门主要参数的测试。

① 输出高电平 U_{OH}。

输出高电平是指与非门有一个以上输入端接地或接低电平时的输出电压值。其典型值为 3.5V,产品规范值 $U_{OH} \geqslant 2.4V$,图 6.20 为 U_{OH} 的测试电路图。

② 输出低电平 U_{OL}。

输出低电平是指与非门的所有输入端接高电平时的输出电压,产品规范值 $U_{OL} \leqslant 0.4V$,图 6.21 为 U_{OL} 的测试电路图。

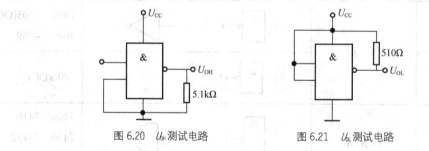

图 6.20 U_{OH} 测试电路　　　　图 6.21 U_{OL} 测试电路

③ 低电平输入电流 I_{IL}。

低电平输入电流是指被测端接地、其余输入端悬空时,由被测输入端流出的电流,它表明与非门作为负载时对前一级的影响,其规范值 $I_{IL} \leqslant 1.4mA$,图 6.22 为 I_{IL} 的测试电路图。

④ 扇出系数 N。

扇出系数 N 是指能驱动同类门电路的数目,用以衡量带负载的能力,一般要求 $N > 8$,图 6.23 为扇出系数的测试电路图,调节 R_W,测出输出电压 $U_O \leqslant 0.4V$ 时的最大灌电流 I_{OL},则扇出系数 $N = \dfrac{I_{OL}}{I_{IL}}$。

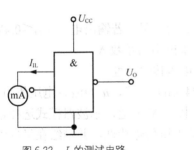

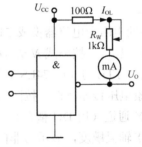

图 6.22 I_{IL} 的测试电路　　　　　　图 6.23 扇出系数 N 的测试电路

（2）TTL 与非门的电压传输特征。

电压传输特性是TTL与非门输出电压与输入电压之间的关系曲线，从传输特性上可以直接读出 TTL 与非门的主要静态参数，如 U_{OH}、U_{OL}、U_{ON}、U_{OFF}、U_{NH}、和 U_{NL}，如图 6.24（a）所示。传输特性的测试电路如图 6.24（b）、（c）所示。

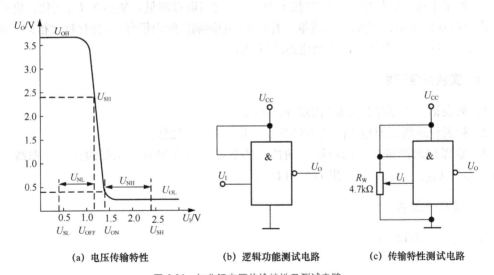

(a) 电压传输特性　　　　(b) 逻辑功能测试电路　　　　(c) 传输特性测试电路

图 6.24　与非门电压传输特性及测试电路

从图中可知：

开门电平 U_{ON} 是保证输出为标准低电平 0.4V 时的最小输入高电平值，一般 U_{ON}<1.8V。

关门电平 U_{OFF} 是保证输出为标准高电平 2.4V 时的最大输入低电平值。

高电平噪声容限 U_{NH}=2.4V$-U_{ON}$。

低电平噪声容限 $U_{NL}=U_{OFF}$-0.4V。

四、实验内容

1. 验证 TTL 与非门 74LS00 的逻辑功能。

任选 74LS00 的一个与非门，按与非门的真值表逐行验证其逻辑功能。输入高电平时，输入端接 5V 电源电压，输入低电平时，输入端接地，记录输出电压值。

2. 测 TTL 与非门 74LS00 的主要参数 U_{OH}、U_{OL}、I_{IL} 和 N。

分别按图 6.20、图 6.21、图 6.22 测出与非门的输出高电平 U_{OH}、输出低电平 U_{OL} 和低电平输入电流 I_{IL}。

将图 6.23 中的电阻和电位器换成 510Ω 的电阻，若输出电压 $U_O \leqslant 0.4V$，则产品合格，用万用表电流挡测出 I_{OL}，按公式 $N = I_{OL}/I_{IL}$ 求出扇出系数 N。

3．观察与测量 TTL 与非门 74LS00 的电压传输特性。

用示波器观察电压传输特性。按图 6.24（b）连线，u_i 为波谷电压值为零、$U_{pp} = 5V$ 的正弦信号。u_i 接入 X 通道（用 DC 耦合），u_O 接入 Y 通道，示波器模式选择按键选择 X—Y 方式，选择合适的 Y 轴灵敏度，显示与非门的电压传输特性，并描绘在坐标纸上。

按图 6.24（c）连线，调节电位器 R_w，测出 U_I 从 0 变化到 5V 时，不同的 U_I 所对应的 U_O 值。

五、注意事项

1．集成电路的电源不能接反，否则将损坏器件。

2．测量电压传输特性时，U_I 先按 0.5V 间隔均匀取点测量，然后在 U_O 变化幅度很大的区间内再按 0.1V 的间隔均匀取点测量，若在 0.1 的间隔区间内仍有 U_O 变化幅度很大的区间，则再在这些区间内取点测量，直至达到测量要求。

六、实验报告要求

1．列表记录所测得的与非门的逻辑功能。

2．列表记录测得的与非门的主要参数，并与规范值比较。

3．整理记录测量与非门电压传输特性的数据，并在坐标纸上描绘出特性曲线，标出 U_{OH}、U_{OL}、U_{ON}、U_{OFF}，计算出 U_{NH} 和 U_{NL}。

七、实验元器件

集成电路　74LS00　1 片
电　阻　510Ω　1 只
电位器　1kΩ　1 只

实验八　组合逻辑电路

一、实验目的

1．掌握编码器、译码器、数据选择器等中规模数字集成电路的性能和使用方法。

2．掌握七段数码管的使用方法。

3．用 3 线—8 线译码器和数据选择器设计简单的逻辑电路。

二、预习要求

1．查阅所用逻辑器件 74LS147、74LS148、74LS48、74LS138、74LS151 的功能表和外引线排列图。

2．了解七段数码管的使用方法。

3．画出实验内容 2、3 的实验电路图。

三、实验原理

数字逻辑电路分为组合逻辑电路和时序逻辑电路两大类。组合逻辑电路的输出仅与该时刻电路的输入状况有关，而与电路原来的状态无关，组合逻辑电路在组成上的特点是由各种门电路连接而成，并且连接中没有反馈线存在。常用集成组合逻辑电路的类型与参考型号如表 6.13 所示。

表 6.13　　　　　　　　　　　常用集成组合逻辑电路

名称	类型	参考型号
优先编码器	10 线—4 线	74147，40147
	8 线—3 线	74148，74348，4532，14532
	8 线—8 线	74149
译码器/多路分配器	4 线—16 线	74154，74159，4514，4515，14514，14515
	BCD—十进制	7442，74145，4028
	余 3 码—十进制	7443
	余 3 格雷码—十进制	7444
	3 线—8 线（地址锁存）	74131，74137，74237
	3 线—8 线	74138，74238
	双 2 线—4 线	74139，74155，74156，4555，4556，14555，14556
代码转换器	BCD—二进制	74184，74484
	二—BCD	74185，74485
七段译码/驱动器	BCD—七段共阳	7446，7447，74246，74247
	BCD—七段共阴	7448，74248，74249，4511，14511
加法器	双全加器	74183
	4 位二进制	7483，74283，4008
	4 位 BCD	74583，4560，14560
	四串行加法器/减法器	74385
数据选择器/多路转换器	16 线—1 线	74150，74250，4067
	8 线—1 线	74151，74152，4051，4351，4512，14512
数据选择器/多路转换器	双 8 线—1 线	74315，4097
	双 4 线—1 线	4352，4539，14529，14539
	八 2 线—1 线（有存储）	74604，74605，74606，74607
	六 2 线—线	74857
	四 2 线—1 线（有存储）	74298，74398，74399
	四 2 线—1 线	74157，74158，74257，74258，4019，4519，14519
	三 2 线—1 线	4053，4353
	四双向开关	4016，4066，4316
数值比较器	4 位比较	7485，4063，4585，14585
	8 位恒等比较	74518，74519，74520，74521，74522
	双 8 位比较	74682，74683，74684，74685，74686

1. 编码、译码、显示电路。

图 6.25 为一基本的编码、译码、显示电路，该电路由 10 线—4 线优先编码器 74LS147、七段译码器/驱动器 74LS48、共阴极七段显示器及反相器 74LS04 组成。七段译码器/驱动器若用 74LS47，则显示器用共阳极的。用万用表可判断共阴、共阳显示器，方法是将万用表置于二极管挡，用万用表内部电池阳极对应的表笔接显示器公共端（单个显示器的 3 和 8 脚，双显示器的 13 和 14 脚），另一表笔接任一输入端，若显示器亮，则说明该显示器为共阳极的；若显示器不亮，交换表笔后才亮，则说明显示器是共阴极的。

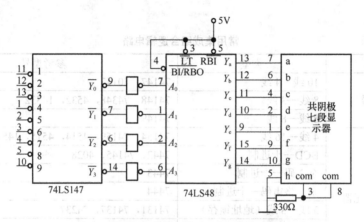

图 6.25 编码、译码、显示电路

2. 3 线—8 线译码器及应用。

3 线—8 线译码器 74LS138 的外引线排列图见附录 B，表 6.14 为其逻辑功能表，可以看出，该译码器有 3 个控制输入端：G_1、$\overline{G}_{2A}$、$\overline{G}_{2B}$，当 $G_1=1$、$\overline{G}_{2A}=\overline{G}_{2B}=0$ 时，译码器处于工作状态，否则就禁止译码，所有输出端同时输出高电平。译码器处于工作状态时，输入输出的关系为

$$\overline{Y}_0 = \overline{\overline{A}_2\overline{A}_1\overline{A}_0} \qquad \overline{Y}_4 = \overline{A_2\overline{A}_1\overline{A}_0}$$

$$\overline{Y}_1 = \overline{\overline{A}_2\overline{A}_1 A_0} \qquad \overline{Y}_5 = \overline{A_2\overline{A}_1 A_0}$$

$$\overline{Y}_2 = \overline{\overline{A}_2 A_1 \overline{A}_0} \qquad \overline{Y}_6 = \overline{A_2 A_1 \overline{A}_0}$$

$$\overline{Y}_3 = \overline{\overline{A}_2 A_1 A_0} \qquad \overline{Y}_7 = \overline{A_2 A_1 A_0}$$

由这些关系式，很容易用 74LS138 构成 3 个变量的逻辑函数产生器，如

$$Z = \overline{A}\,\overline{B}\,\overline{C} + A\overline{B}C + AB\overline{C} + ABC$$

表 6.14　74LS138 逻辑功能表

输入					输出							
G_1	$\overline{G}_{2A}+\overline{G}_{2B}$	A_2	A_1	A_0	$\overline{Y}_0$	$\overline{Y}_1$	$\overline{Y}_2$	$\overline{Y}_3$	$\overline{Y}_4$	$\overline{Y}_5$	$\overline{Y}_6$	$\overline{Y}_7$
$\times$	1	$\times$	$\times$	$\times$	1	1	1	1	1	1	1	1
0	$\times$	$\times$	$\times$	$\times$	1	1	1	1	1	1	1	1
1	0	0	0	0	0	1	1	1	1	1	1	1
1	0	0	0	1	1	0	1	1	1	1	1	1

续表

输入					输出							
G_1	$\bar{G}_{2A}+\bar{G}_{2B}$	A_2	A_1	A_0	$\bar{Y}_0$	$\bar{Y}_1$	$\bar{Y}_2$	$\bar{Y}_3$	$\bar{Y}_4$	$\bar{Y}_5$	$\bar{Y}_6$	$\bar{Y}_7$
1	0	0	1	0	1	1	0	1	1	1	1	1
1	0	0	1	1	1	1	1	0	1	1	1	1
1	0	1	0	0	1	1	1	1	0	1	1	1
1	0	1	0	1	1	1	1	1	1	0	1	1
1	0	1	1	0	1	1	1	1	1	1	0	1
1	0	1	1	1	1	1	1	1	1	1	1	0

只要将输入变量 A、B、C 分别接到 A_2、A_1、A_0 端，并利用摩根定律进行变换，就可得

$$Z = \overline{\overline{\bar{A}\bar{B}\bar{C}} \cdot \overline{A\bar{B}C} \cdot \overline{AB\bar{C}} \cdot \overline{ABC}} = \overline{\bar{Y}_0\bar{Y}_5\bar{Y}_6\bar{Y}_7}$$

其逻辑图如图 6.26 所示。

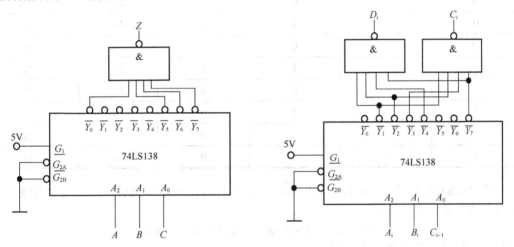

图 6.26　用 74LS138 构成逻辑函数产生器　　　　图 6.27　用 74LS138 构成全减器

用 74LS138 设计一个 1 位全减器，设 1 位全减器的被减数为 A_i，减数为 B_i，低位来的借位数为 C_{i-1}，相减结果，本位差为 D_i，向高 1 位的借位数为 C_i，则其真值表如表 6.15 所示。

表 6.15		全减器真值表		
A_i	B_i	C_{i-1}	D_i	C_i
0	0	0	0	0
0	0	1	1	1
0	1	0	1	1
0	1	1	0	1
1	0	0	1	0
1	0	1	0	0
1	1	0	0	0
1	1	1	1	1

与 74LS138 的逻辑功能表比较，令 $A_2=A_i$，$A_1=B_i$，$A_0=C_{i-1}$，则有

$$D_i=Y_1+Y_2+Y_4+Y_7=\overline{\overline{Y_1}\,\overline{Y_2}\,\overline{Y_4}\,\overline{Y_7}}$$
$$C_i=Y_1+Y_2+Y_3+Y_7=\overline{\overline{Y_1}\,\overline{Y_2}\,\overline{Y_3}\,\overline{Y_7}}$$

其逻辑图如图 6.27 所示。

3．数据选择器及其应用。

数据选择器主要用作数据传送和逻辑函数发生器，八选一数据选择器 74LS151 的功能表如表 6.16 所示。

表 6.16　　　　　　　　　　　　74LS151 功能表

输入				输出	
A_2	A_1	A_0	$\overline{ST}$	Y	$\overline{W}$
$\times$	$\times$	$\times$	1	0	1
0	0	0	0	D_0	$\overline{D_0}$
0	0	1	0	D_1	$\overline{D_1}$
0	1	0	0	D_2	$\overline{D_2}$
0	1	1	0	D_3	$\overline{D_3}$
1	0	0	0	D_4	$\overline{D_4}$
1	0	1	0	D_5	$\overline{D_5}$
1	1	0	0	D_6	$\overline{D_6}$
1	1	1	0	D_7	$\overline{D_7}$

用 74LS151 实现逻辑函数 $Z=AB+\overline{A}C$，令 A_2、A_1、A_0 分别表示 A、B、C 3 个变量，数据选择器的输出表达式为

$$Y=m_0D_0+m_1D_1+m_2D_2+m_3D_3+m_4D_4+m_5D_5+m_6D_6+m_7D_7$$

而逻辑函数 Z 的最小项表达式为

$$Z=ABC+AB\overline{C}+\overline{A}BC+\overline{A}\,\overline{B}C$$
$$=\sum m(1,3,6,7)$$

令 $Y=Z$，比较两式可得

$$D_1=D_3=D_6=D_7=1$$
$$D_0=D_2=D_4=D_5=0$$

逻辑图如图 6.28 所示。

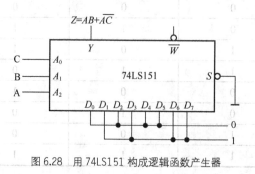

图 6.28　用 74LS151 构成逻辑函数产生器

四、实验内容

1．按图 6.25 验证编码、译码、显示电路的逻辑功能。

2．用 74LS138 和与非门构成一个 1 位全加器，用发光二极管指示输出。

3．用 74LS151 实现一个三人表决电路，赞成用高电平表示，反对用低电平表示（不得弃权），用发光二极管指示结果。

五、注意事项

1．为防止引入干扰，集成电路的各输入端不要悬空。

2．用发光二极管指示输出时，要串接 470Ω 的限流电阻。

六、实验报告要求

1．简述编码、译码、显示电路的工作原理，记录实验结果。

2．写出全加器和三人表决电路的设计过程，记录实验结果。

七、实验元器件

集成电路　　74LS147、74LS48、74LS138、74LS151、74LS04、74LS20 各 1 片

共阴极七段显示器　1 块

实验九　时序逻辑电路

一、实验目的

1．掌握触发器、计数器、移位寄存器等中规模数字集成电路的性能和使用方法。

2．掌握构成任意进制计数器的方法。

二、预习要求

1．查阅所用器件 74LS74、74LS161、74LS192、74LS194 的功能表和外引线排列图。

2．了解反馈清零法和反馈置数法的原理。

3．画出实验内容 1、3、4 的实验电路图。

三、实验原理

时序逻辑电路的输出不仅与当前时刻电路的输入状况有关，而且还和电路原来的状态有关，时序逻辑电路中的基本器件是触发器、计数器和寄存器。表 6.17 列出了常用的触发器、计数器和寄存器的类型和参考型号。

表 6.17   常用触发器、计数器、寄存器

名称	类型	参考型号
触发器	四 RS 触发器	74279，4044
	双 D 型触发器	7474，4013
	四 D 型触发器	74171，74175，40175
	八 D 型触发器	74273，74373，74377
	双 JK 型触发器	7476，4027
	四 JK 型触发器	74276，74376
计数器	十进制同步递增	74160（异步清除），74162（同步清除）
	十进制同步可逆	74168，74190，4510，74192，40192
	异步二—五—十进制	74196，7490，74290
	双十进制异步	74390
	双十进制同步	4518
	4 位二进制同步递增	74161（异步清除），74163（同步清除）
	4 位二进制同步可逆	74164，74191，4516，74193，40193
	异步二—八—十六进制	74197，7493，74293
	双 4 位二进制异步	74393
	双 4 位二进制同步	4520
移位寄存器	4 位双向并入并出	74194，40194
	4 位右移并出	7495，74195，40195，74395
	双 4 位右移并入并出	4015
	8 位双向并入并出	74198
	8 位右移并出	74199，74164，4034
	8 位右移并入串出	74165，74166，4014，4021

1. 触发器。

RS 触发器的特征方程为

$$\begin{cases} Q^{n+1} = S + \bar{R}Q^n \\ RS = 0 \end{cases}$$

D 触发器的特征方程为

$$\begin{cases} Q^{n+1} = D \\ CP\uparrow \end{cases}$$

JK 触发器的特征方程为

$$\begin{cases} Q^{n+1} = J\bar{Q}^n + \bar{K}Q^n \\ CP\downarrow \end{cases}$$

2. 计数器。

计数器可分为同步计数器和异步计数器两大类。在同步计数器电路中，所有的触发器都以计数脉冲为时钟脉冲，应翻转的触发器同时翻转，如 74LS192，74LS161。在异步计数器

电路中，有的触发器以计数脉冲为时钟脉冲，有的是以其他触发器的输出作为时钟脉冲，因此它们的翻转有先有后，不是同步的，如 74LS90。

计数器常从零开始计数，所以具有"置零"的功能，通常计数器还有"预置"的功能，通过预置数据于计数器中，可使计数从任意数值开始。

中规模集成计数器多为二进制或十进制，通过反馈清零法和反馈置数法可转换成任意进制的计数器。

（1）反馈清零法。

在计数过程中，将某一个中间状态 N_1 反馈到清除端，使计数器返回到零，重新开始计数。这样可将模较大的计数器作为模较小（模为 N）的计数器使用。若是异步清除，则 $N_1=N$，若是同步清除，则 $N_1=N-1$。

（2）反馈置数法。

计数器在计数过程中将中间状态 N_1 反馈到置数端 $\overline{LD}$，当计数到 N_1 时，置数端为有效电平，将预先预置的数 N_0 送到输出端，计数器输出 N_0。若要求计数器的模为 N，则对同步置数，$N_1=N+N_0-1$ 对异步置数，$N_1=N+N_0$。当 $N_0=0$ 时，计数器从零开始计数。

下面介绍几种常用的集成计数器。

（1）74LS90 异步二—五—十进制计数器。

74LS90 是由二进制和五进制计数器构成的十进制计数器，功能表如表 6.18 所示，外引线排列见附录 B。计数脉冲由 $\overline{CP_0}$ 输入，Q_0 作为输出，则构成二进制计数器；计数脉冲由 $\overline{CP_1}$ 输入，Q_1、Q_2、Q_3 作为输出，则构成五进制计数器；计数脉冲由 $\overline{CP_0}$ 输入，Q_0 与 $\overline{CP_1}$ 相连，$Q_3 \sim Q_0$ 作为输出，则构成 8421 码的十进制计数器。计数顺序如表 6.19 所示。

表 6.18　　　　　　　　　　　　　　74LS90 功能表

输入					输出			
$\overline{CP}$	R_{0A}	R_{0B}	R_{9A}	R_{9B}	Q_3	Q_2	Q_1	Q_0
×	1	1	0	×	0	0	0	0
×	1	1	×	0	0	0	0	0
×	0	×	1	1	1	0	0	1
×	×	0	1	1	1	0	0	1
↓	×	0	×	0	计数			
↓	0	×	0	×	计数			
↓	0	×	×	0	计数			
↓	×	0	0	×	计数			

表 6.19　　　　　　　　　　　　　Q_0 与 $\overline{CP_1}$ 连接的计数序列

计数	Q_3	Q_2	Q_1	Q_0
0	0	0	0	0
1	0	0	0	1
2	0	0	1	0
3	0	0	1	1
4	0	1	0	0

续表

计数	Q_3	Q_2	Q_1	Q_0
5	0	1	0	1
6	0	1	1	0
7	0	1	1	1
8	1	0	0	0
9	1	0	0	1

（2）74LS161 四位二进制同步计数器（异步清除）。

74LS161 为带预置功能的二进制同步计数器，其功能表如表 6.20 所示，外引线排列图见附录 B。15 脚 Q_{CC} 为进位输出端。从功能表中可看到，当 $\overline{C}_r=0$ 时，CP 端无论有无脉冲，计数器立即清零，因此是异步清除。当 $\overline{LD}=0$ 时，计数器随着 CP 脉冲的到来被置数，属同步置数。

表 6.20　　　　　　　　　　　74LS161 功能表

输入					输出
CP	$\overline{LD}$	$\overline{C}r$	S_1	S_2	Q
×	×	0	×	×	0
↑	0	1	×	×	置数
↑	1	1	1	1	计数
×	1	1	0	×	保持
×	1	1	×	0	保持

用 74LS161 构成十进制计数器，如用反馈清零法，则计数器如图 6.29（a）所示连线，当 $Q_3Q_2Q_1Q_0=1010$ 时，通过反馈线强制计数器清零。

由于 1010 状态只是瞬时过渡状态，因此，随着 CP 脉冲的到来，计数器的状态依次是 0，1，2，…，9，0 构成十进制计数器。

图 6.29（b）是用反馈置数法构成的十进制计数器，当 $Q_3Q_2Q_1Q_0=1001$（十进制数 9）时，$\overline{LD}=0$，此时，计数器的输出仍是 1001，当下一个即第十个 CP 脉冲到来时，计数器才被置数，$Q_3Q_2Q_1Q_0=D_3D_2D_1D_0=0000$，计数器输出为 0。

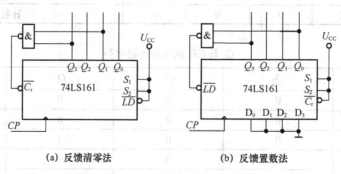

（a）反馈清零法　　　　　　　　（b）反馈置数法

图 6.29　用 74LS161 构成十进制计数器

（3）74LS192 可逆计数器。

74LS192 是带预置功能的双时钟同步十进制可逆计数器，其功能表如表 6.21 所示。当清除端 $Cr=1$ 时，无论 CP 端有无脉冲，计数器立即清零，因此是异步清除。当置数端 $\overline{LD}=0$ 时，无论 CP 端有无脉冲，计数器输出 $Q_3Q_2Q_1Q_0=D_3D_2D_1D_0$，因此是异步置数。当 $CP_D=1$ 时，计数脉冲从 CP_U 送入，则在 CP 上升沿的作用下，计数器进行加计数，加到 9（1001）后，进位输出端 $\overline{CO}$ 由 1 变为 0，下一个脉冲来后，计数器输出变为 0，$\overline{CO}$ 由 0 变为 1，向上一级计数器进位。当 $CP_U=1$ 时，计数脉冲从 CP_D 送入，则计数器进行减计数，减到 0 后，借位输出端 $\overline{BO}$ 由 1 变为 0，下一个脉冲到来后，计数器输出变为 9（1001），$\overline{BO}$ 由 0 变为 1，向上一级计数器借位。

表 6.21　　　　　　　　　　　　　　　　74LS192 功能表

输入				输出
Cr	$\overline{LD}$	CP_U	CP_D	Q
1	×	×	×	0
0	0	×	×	置数
0	1	↑	H	加计数
0	1	H	↑	减计数
0	1	↓	H	保持
0	1	H	↓	保持

（4）可逆计数器单时钟与双时钟方式的转换。

双时钟可逆计数器有 2 个时钟输入端，而单时钟可逆计数器只有一个时钟输入端，其加、减计数是由一个加/减控制端 U/D 来实现的。当 $U/D=1$ 时，计数器作加法计数；当 $U/D=0$ 时，计数器作减法计数。图 6.30 为双时钟可逆计数器与单时钟可逆计数器二者之间相互转换的电路图。图 6.30（b）中门 1 和门 2 的作用是增加 $\overline{CP}_U$ 和 $\overline{CP}_D$ 到达计数器 CP 端的延迟时间，从而使 U/D 控制端首先转换成加、减法控制电平，而后 CP 端才收到计数脉冲，从而保证计数器的正常工作。

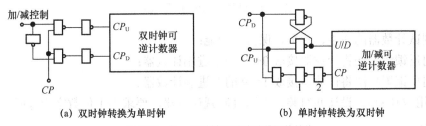

(a) 双时钟转换为单时钟　　　　　　　　(b) 单时钟转换为双时钟

图 6.30　单、双时钟可逆计数器间的转换

3. 移位寄存器。

移位寄存器分为单向右移和双向移位两类，每一类中又有并行输入、串行输入、并行输出、串行输出之分。74LS194 为 4 位双向移位寄存器，并具有并行输入、并行输出、串行输入、串行输出的功能，其功能表如表 6.22 所示。

表 6.22　　　　　　　　　　　　　74LS194 功能表

输入										输出				功能
$\overline{Cr}$	M_1	M_0	CP	D_{SL}（左移）	D_{SR}（右移）	D_0	D_1	D_2	D_3	Q_0^{n+1}	Q_1^{n+1}	Q_2^{n+1}	Q_3^{n+1}	
0	×	×	×	×	×	×	×	×	×	0	0	0	0	清零
1	0	0	×	×	×	×	×	×	×	Q_0^n	Q_1^n	Q_2^n	Q_3^n	保持
1	1	1	↑	×	×	d_0	d_1	d_2	d_3	d_0	d_1	d_2	d_3	并行输入
1	0	1	↑	×	D_{SR}	×	×	×	×	D_{SR}	Q_0^n	Q_1^n	Q_2^n	右移
1	1	0	↑	D_{SL}	×	×	×	×	×	Q_2^n	Q_1^n	Q_0^n	D_{SL}	左移

四、实验内容

1．测试 D 触发器 74LS74 的功能，并将其连接成四分频电路，用示波器观察输入输出波形。

2．计数、译码、显示电路。

按图 6.31 连线，在电路正常工作后：

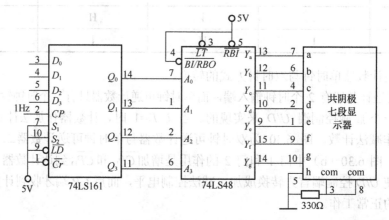

图 6.31　计数、译码、显示电路

（1）测试计数器的清零、置数、保持等功能；

（2）用反馈清零法将计数器接成 0～9 的十进制计数器；

（3）用反馈置数法将计数器接成 1～9 的九进制计数器。

3．使用 74LS192 设计并组装二十四进制减计数器，要求当十位数字为零时，十位显示器不显示 0。

4．用 74LS194 设计并组装一个 4 位能自启动的循环移位寄存器，要求输出在任何时刻都有一位且有一位是 1，其余均为 0。

五、注意事项

CP 脉冲由信号发生器的 TTL 输出端输出。

六、实验报告要求

1．画出用 74LS74 组成四分频电路的连线图，并画出 CP、Q_1、Q_2 的波形图。

2．简述实验内容 2 的实验原理，记录实验结果。

3．画出二十四进制计数器的具体实验电路图，简述其工作原理。

4．画出用 74LS194 组成的循环移位寄存器的电路图，简述其工作原理。

七、实验元器件

集成电路　74LS74、74LS161、74LS194、74LS00、74LS04 各一片，74LS48、74LS192 各 2 片

共阴极七段显示器　2 块

实验十　多路抢答器设计

一、设计任务与要求

1．抢答器可容纳 8 组参赛抢答，组号分别是 1、2、3、4、5、6、7、8，每组有一个抢答按钮。

2．显示最先抢答者的组号，直到主持人清除，禁止显示其他抢答者的组号。

3．设置一个主持人控制开关，用来控制系统清零和抢答开始。

4．设置犯规报警功能，显示提前抢答者的组号并进行犯规报警（用红色发光二极管表示）。

5．*设置 9 秒钟定时抢答功能，显示倒计时的时间，9 秒钟内无人抢答，系统进行报警（用黄色发光二极管表示）并封锁输入电路（可增加一个主持人控制开关）。

二、设计提示

用 8 线 $-$ 3 线优先编码器 74LS148（其功能表见表 6.23）的 8 个输入端作各组的抢答按钮（"0"端另行处理）。第一人抢答后，用 Y_S 端输出的高电平作锁存信号，利用译码器 4511 的锁存功能，通过具有清零功能的 D 触发器对编码后的组号进行锁存，直到主持人清除。

总体电路框图如图 6.32 所示。

表 6.23　　　　　　　　　　　74LS148 功能表

输入									输出				
$\overline{ST}$	$\overline{IN_0}$	$\overline{IN_1}$	$\overline{IN_2}$	$\overline{IN_3}$	$\overline{IN_4}$	$\overline{IN_5}$	$\overline{IN_6}$	$\overline{IN_7}$	$\overline{Y_2}$	$\overline{Y_1}$	$\overline{Y_0}$	$\overline{Y_{EX}}$	Y_S
1	×	×	×	×	×	×	×	×	1	1	1	1	1
0	1	1	1	1	1	1	1	1	1	1	1	1	0
0	×	×	×	×	×	×	×	0	0	0	0	0	1
0	×	×	×	×	×	×	0	1	0	0	1	0	1
0	×	×	×	×	×	0	1	1	0	1	0	0	1

续表

输入									输出				
$\overline{ST}$	$\overline{IN_0}$	$\overline{IN_1}$	$\overline{IN_2}$	$\overline{IN_3}$	$\overline{IN_4}$	$\overline{IN_5}$	$\overline{IN_6}$	$\overline{IN_7}$	$\overline{Y_2}$	$\overline{Y_1}$	$\overline{Y_0}$	$\overline{Y_{EX}}$	Y_S
0	×	×	×	×	0	1	1	1	0	1	1	0	1
0	×	×	×	0	1	1	1	1	1	0	0	0	1
0	×	×	0	1	1	1	1	1	1	0	1	0	1
0	×	0	1	1	1	1	1	1	1	1	0	0	1
0	0	1	1	1	1	1	1	1	1	1	1	0	1

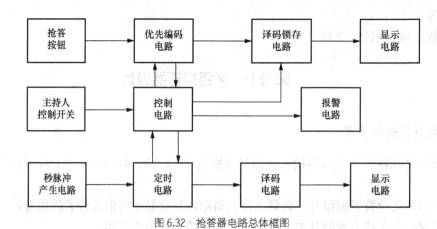

图 6.32 抢答器电路总体框图

三、实验报告要求

1. 画出抢答器的整机电路图,对照要实现的功能,说明工作原理和工作过程。
2. 记录实验中的故障现象及其解决方法。
3. 提出对本实验的改进意见。

四、推荐使用的主要器件

集成电路 74LS148、74LS74、74LS192、4511 及其他门电路

实验十一 数/模转换器及应用

一、实验目的

1. 熟悉数/模转换器的工作原理。
2. 学会使用集成数/模转换器 DAC0832。
3. 学会用 DAC0832 构成阶梯波电压发生器。

二、预习要求

1. 了解集成数/模转换器 DAC0832 芯片的外引线排列。

2. 熟悉数/模转换器的转换原理。

3. 根据数/模转换原理，设计产生阶梯波的实验电路和实验步骤。

4. 根据 DAC0832 的特点，设计一个程控放大器的实验电路。

5. 采用 EWB5.0 仿真软件对 DAC 转换电路进行预习。

三、实验原理

数/模转换器（简称数/模转换器、DAC）是指将输入数字量转换成模拟量输出，从广义上来说：凡是将数字量转换为模拟量的电路均可认为是数模转换器。因此数/模转换器包含的种类较多，常用的有线性数/模转换器、对数数/模转换器等，其差别在于输入数字量与输出模拟量的关系：前者是线性关系，后者为非线性关系。从输入数据形式上可分为串行数/模转换器和并行数/模转换器。

数模转换器的种类较多，本实验以线性 DAC0832 为例，说明数模转换的工作原理。

1. 数/模转换原理简介。

数/模转换电路形式较多，在集成电路中多是采用倒置的 $R-2R$ 梯形网络。图 6.33 所示为一个 8 位二进制数数/模转换器的原理电路。它包括由数码控制的双掷开关和由电阻构成的分流网络两部分。输入二进制数的每一位对应一个 $2R$ 电阻和一个由该位数码控制的开关。为了建立输出电流，在电阻分流网络的输入端接入参考电压 U_{REF}。当某位输入码为 0 时，相应的被控开关接通左边触点，电流 I 流入地，输入数码为 1 时，开关接通右边触点，电流流入外接运算放大器。

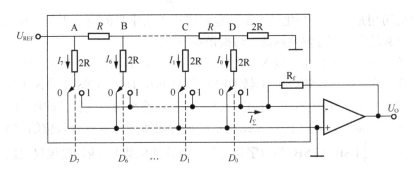

图 6.33　倒 T 型电阻网络数/模转换器原理图

根据运算放大器的虚地概念，可以得知：不论电子开关倒向左或右，从节点 A、B、C、D 处向右看的二端网络等效电阻都是 R，各 $2R$ 支路上的电流也是恒定的。当输入数字为 0 时，电子开关控制倒向左边，支路电流流向地；当输入数字为 1 时，电子开关控制倒向右边，支路电流流向集成运算放大器的反向端，此时构成多路求和放大电路。从图 6.33 可看出，由于运算放大器的同相端、反向端为等电位（零电位），因此不论电子开关倒向左边或右边，各支路的电流大小是恒定的，8 个支路的电流依次为 $\dfrac{U_{REF}}{2R}$、$\dfrac{U_{REF}}{4R}$、$\dfrac{U_{REF}}{8R}$、$\dfrac{U_{REF}}{16R}$、$\dfrac{U_{REF}}{32R}$、$\dfrac{U_{REF}}{64R}$、$\dfrac{U_{REF}}{128R}$、$\dfrac{U_{REF}}{256R}$。若 S_0、S_1、… S_7 分别为各位数码的变量，且 $S_i=0$ 表示开关接通左边触点；$S_i=1$ 表示开关接通右边触点，则可得到输出电流与输入数字量之间关系的一般表达式：

$$I_\Sigma = I_7 + I_6 + I_5 + I_4 + I_3 + I_2 + I_1 + I_0$$

$$= \frac{U_{REF}}{2R}2^0 \cdot S_7 + \frac{U_{REF}}{2R}2^{-1} \cdot S_6 + \frac{U_{REF}}{2R}2^{-2} \cdot S_5 + \frac{U_{REF}}{2R}2^{-3} \cdot S_4 + \frac{U_{REF}}{2R}2^{-4} \cdot S_3 +$$

$$\frac{U_{REF}}{2R}2^{-5} \cdot S_2 + \frac{U_{REF}}{2R}2^{-6} \cdot S_1 + \frac{U_{REF}}{2R}2^{-7} \cdot S_0$$

$$= \frac{U_{REF}}{2^8 R}(2^7 \cdot S_7 + 2^6 \cdot S_6 + 2^5 \cdot S_5 + 2^4 \cdot S_4 + 2^3 \cdot S_3 + 2^2 \cdot S_2 + 2^1 \cdot S_1 + 2^0 \cdot S_0)$$

$$= \frac{U_{REF}}{2^8 R} \cdot N$$

式中 N 为输入的数字量。运算放大器的电压输出

$$U_{out} = -R_f I_\Sigma = -\frac{U_{REF}}{2^8} \cdot \frac{R_f}{R} \cdot N$$

显然，该式表明，输出电压与输入的数字量 N 成比例，当输入数字量变化时，输出模拟电压也将改变。同时上式也表明：数模转换电路也可用作程控放大，放大倍数

$$A_u = \frac{U_o}{U_{REF}} = -\frac{R_f}{R} \cdot \frac{N}{2^8}$$

2．数/模转换器技术指标。

（1）分辨率：输入数字量的最低有效位变化 1 时，引起的输出电压的变化量。根据上面的分析计算，8 位二进制数数/模转换器的分辨率为

$$\Delta U = \frac{U_{REF}}{2^8} \cdot \frac{R_f}{R}$$

分辨率既可用最小电压变化量表示，也可用输入数字量的位数表示，如 8 位、10 位等。显然，位数越多，则分辨率越高，转换误差越小。

（2）转换时间：当转换器的输入变化为满刻度值时，其输出达到稳定值所需的时间为转换时间，也称建立时间。DAC0808 的转换时间为 150ns，而 DAC0832 的转换时间为 1μs。

（3）线性度：数/模转换器实际传输特性曲线与它的平均传输特性曲线的最大偏差，它可用该偏差相对于满刻度电压的百分比表示，也可用数字量最低有效位的位数 LSB 来表示。一般应小于 $\pm\frac{1}{2}$LSB（LSB 为数字量最低有效位的位数）。线性度仅仅取决于数/模转换器内部电阻元件的准确度，是固有参数。

（4）绝对误差：对应于给定的满刻度数字量，实际的模拟输出电压与理想的输出电压之间的最大差值。

3．DAC0832 的结构与工作方式。

本实验选用的数－模转换器是 DAC0832，它具有功耗低、速度快、价格低及使用方便等特点。DAC0832 本身不包括运算放大器，使用时需外接运算放大器。

（1）AC0832 的内部电路结构。

DAC0832 是一个 8 位的 CMOS 集成电路数/模转换器，具有二级数据缓存结构，其内部电路结构如图 6.34 所示，由 8 位输入寄存器、8 位数/模转换器及逻辑控制单元等功能部件组成。其中 8 位数/模转换器是核心部件，它的内部采用了 256 级的 $R-2R$ 电阻译码网络（内部电路 R 为 15kΩ），由 CMOS 电流开关电路控制基准电压 V_{ref} 提供给电阻网络的电流来

进行数/模转换，因此转换速度较快。DAC0832 可直接与微处理器接口，容易扩展为 10 位、12 位数/模转换器。各引脚的功能如下。

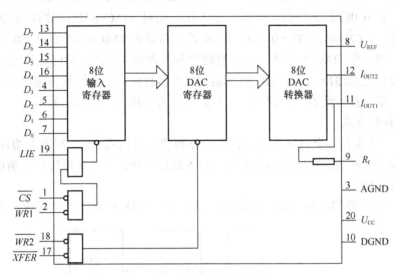

图 6.34　DAC0832 的内部结构图

$\overline{CS}$ 脚：片选端，低电平有效。

$\overline{WR}1$ 脚：写输入端 1，低电平有效，与 $\overline{CS}$ 和 I_{LE} 信号一起共同用来选通输入寄存器。

$\overline{WR}2$ 脚：写输入端 2，低电平有效。

AGND 脚：模拟地。

$D7 \sim D0$ 脚：8 位数据输入端。

U_{REF} 脚：基准电压输入端，电压范围为 $\pm 10V$。

R_f 脚：反馈电阻端，它的内部电阻 R_F 与 R-$2R$ 梯型网络匹配，其值为 $15k\Omega$，可以作为外部运算放大器的反馈电阻。

DGND 脚：数字地。

I_{out2} 脚：数/模转换器的电流输出端，其输出电流为 I_{o2}，接运算放大器的同相端。

I_{out1} 脚：数/模转换器的电流输出端，其输出电流为 I_{o1}，接运算放大器的反相端。

$XFER$ 脚：信号传送控制端，低电平有效。它与 WR 一起用来选通数/模转换器寄存器，将输入寄存器的数据传送到数/模转换器寄存器。

I_{LE} 脚：输入寄存器信号允许端，高电平有效，与 $\overline{CS}$，$\overline{WR}$ 一起共同用来选通输入寄存器。

U_{CC} 脚：电源端，$+5 \sim +15V$。

（2）DAC0832 的基本工作方式。

从 DAC0832 的内部寄存器结构可以看出，DAC0832 有 3 种工作方式，即双缓冲方式、单缓冲方式和完全直通方式。其中双缓冲方式是指内部的两级寄存器均工作在输入锁存状态；单缓冲方式是指一级寄存器锁存，另一级寄存器直通；完全直通方式是指两级寄存器都工作在直通状态，即它们的输出数据都跟随输入数据变化。DAC0832 工作时，I_{LE} 必须接高电平。

① 单缓冲方式。

DAC0832 工作在单缓冲方式时，$\overline{WR2}$ 与 $\overline{XFER}$ 固定接地，所以内部第二级寄存器工作在直通状态，DAC0832 中只有一个寄存器工作。而对 DAC0832 的片选端 $\overline{CS}$ 和写输入端 $\overline{WR}$ 进行控制，当 $\overline{CS}=0$，$\overline{WR1}=0$ 时将输入的数字量送到 DAC0832 的第一级 8 位输入寄存器，由于第二级 8 位 DAC 寄存器工作在直通状态，则输入的数字量可直接进入 8 位数/模转换器转换成模拟电流输出，然后通过外部运算放大器将输出电流转换为电压输出。如果不停地输入数据，则可在示波器上看到与数字量成比例的模拟电压信号的波形。

② 完全直通方式。

DAC0832 工作在完全直通方式时，其电路特点是片选端 $\overline{CS}$，写输入端 $\overline{WR1}$ 和 $\overline{WR2}$ 都接地，因此内部的两级寄存器的输出都跟随输入数据变化，工作速度较快，所以在控制系统中采用这种方式较多。

图 6.35 为本实验的电路框图，由数字信号发生器和 DAC0832 电路构成，产生锯齿波。

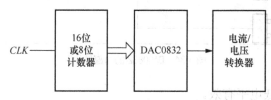

图 6.35　DAC 实验线路框图

由于 DAC0832 的输出形式是电流，可将其转换为电压输出，此时既可采用内部反馈电阻 R_f，也可另接反馈电阻，用于调整放大增益。

四、实验内容与步骤

1. 设计实验电路，并按表 6.24 内容依次输入数字量，用数字万用表测出相应的输出模拟电压，数据记入表中。

2. 根据阶梯波产生原理，将计数器的输出对应接到 DAC0832 的数字输入端上，在示波器上观察和记录 DAC0832 的输出电压波形，并记录输出电压的 U_{max}、U_{min} 和 ΔU。

3. 改变计数器进制，观察波形的变化情况。

4. 将参考电压作为输入电压考虑，可利用 DAC0832 的数字输入控制放大倍数，此时 DAC0832 为程控放大器使用。比较该程控放大器的增益理论值与实测值。

表 6.24　　　　　　　　　　　　　　　DAC0832 静态测试

输入数字量								输出模拟量	
D_7	D_6	D_5	D_4	D_3	D_2	D_1	D_0	理论值	测试值
0	0	0	0	0	0	0	0		
0	0	0	0	0	0	0	1		
0	0	0	0	0	0	1	0		
0	0	0	0	0	1	0	1		
0	0	0	0	1	1	0	0		
0	0	0	0	1	1	1	1		

续表

输入数字量								输出模拟量	
D_7	D_6	D_5	D_4	D_3	D_2	D_1	D_0	理论值	测试值
0	0	0	1	0	0	0	0		
0	0	1	1	0	0	1	1		
0	0	1	1	1	1	0	0		
1	1	0	0	0	0	0	0		
1	1	1	1	0	0	0	0		
1	1	1	1	1	1	1	0		
1	1	1	1	1	1	1	1		

五、基于 EWB 仿真研究

1. 执行 EWB 软件，建立图 6.36 所示的电路原理图（注意数/模转换器模型为电流输出型）。

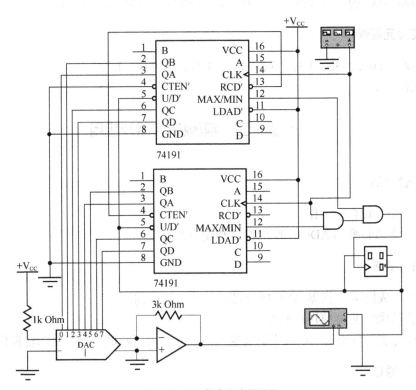

图 6.36　DAC 仿真电路原理图

2. 分析该电路图的工作原理和输出波形。

3. 调整输入信号源时钟分别为 40Hz、40kHz、40MHz 时，观察输出波形的变化。说明为何当输入时钟为 40MHz 时输出波形的失真？

4. 电路图中有两个电阻，分别取为 1kΩ 和 3kΩ，此时输出波形比较适宜。若分别增大或减少，则可能失真，试验证并给出解释。

5．考虑如何改变电路增加输出波形类型。

六、实验报告要求

1．记录数/模转换器静态测试中的数据，并与理论值比较。

2．对应描绘时钟（*CLK*）波形和阶梯波产生器的输出波形。

3．绘制放大倍数与输入数字量的关系曲线。

4．回答问题：

（1）当 8 位数/模转换器输入二进制数 10000000 时，其输出电压为 5V。问：如果输入二进制数 00000001 和 11001101 时，数/模转换器的输出模拟电压分别为何值？

（2）如果输入信号频率由 1kHz 增加到 10kHz，那么输出波形会有什么变化？

（3）考虑当利用 DAC0832 作为合成正弦波信号时，如何降低低频段信号的失真度。

七、注意事项

注意 DAC0832 的电源极性，不得接错，同时注意控制信号的作用。

八、实验元器件

集成电路　DAC0832　1 片，74LS161　1 片，μA741　1 片
阻容元件若干

实验十二　模/数转换器及应用

一、实验目的

1．熟悉模/数转换的工作原理。

2．了解模/数转换器 ADC0809 的性能和使用方法。

二、预习要求

1．熟悉集成模/数转换器 ADC0809 芯片的外引线排列。

2．熟悉模/数转换器的转换原理。

3．设计能实现直流电压量转换的实验电路，并要求用两位数码管显示转换值。

三、实验原理

1．模数转换电路的工作原理与性能指标。

模/数转换器（简称 A/D 转换器、ADC）用来将模拟量转换成数字量。N 位模/数转换器输出 N 位二进制数，它正比于加在输入端的模拟电压。实现模数转换的方法有很多，常用的有直接比较型模/数、逐次逼近型模/数和双积分型模/数等。直接比较型模/数的速度最快，但成本高，且精度不高，如高速模/数芯片；双积分型模/数精度高、抗干扰能力强，但速度太慢，适合转换缓慢变化的信号，目前数字万用表均采用该类芯片如 MC14433、ICL7135 等；

逐次逼近型模/数有转换精度较高、工作速度中等、成本低等优点，因此获得广泛的应用，如常用的 DAC0809。图 6.37 为模/数转换器的分类图。

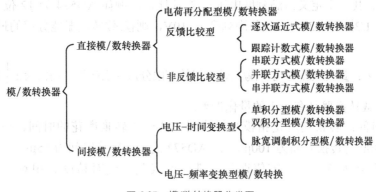

图 6.37 模/数转换器分类图

（1）逐次逼近型模/数的工作原理。

本实验选用集成模/数转换器 ADC0809。ADC0809 是单片 8 路 8 位逐次逼近型模/数转换器，与 8 位微处理器总线兼容，其三态总线输出可直接驱动数据总线。输入电压可调，内部不含时钟发生器。其内部结构框图如图 6.38 所示，主要组成部分有：模拟多路转换、比较器、控制与定时电路、逐次逼近寄存器、三态输出锁存缓冲器及数/模转换器等部分，管脚封装如图 6.39 所示。

它的工作过程如下。转换开始时由时钟节拍控制动作。第一个时钟来时，移位寄存器状态为 10000000（最高位置 1）并送给逐次逼近寄存器（SAR），由 SAR 将 10000000 传给数/模转换器输入端，使数/模转换器产生输出模拟电压 U_{DAC}，转换器的输入模拟量 U_I 进行比较：若 $U_{DAC} < U_I$，则比较器输出 U_{COM} 为高电平 1；若 $U_{DAC} > U_I$，则 $U_{COM} = 0$。然后，第二个时钟到来，使移位寄存器变为 01000000，送给 SAR，但 SAR 的最高位保持原来的 1，U_{COM} 为 0，SAR 最高位为 0，比较一直进行到 $U_{DAC} = U_I$ 才结束。此时将 SAR 中的二进制数输出，即为模/数转换器的二进制输出。

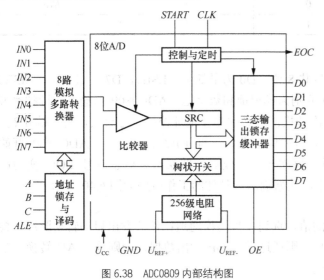

图 6.38 ADC0809 内部结构图

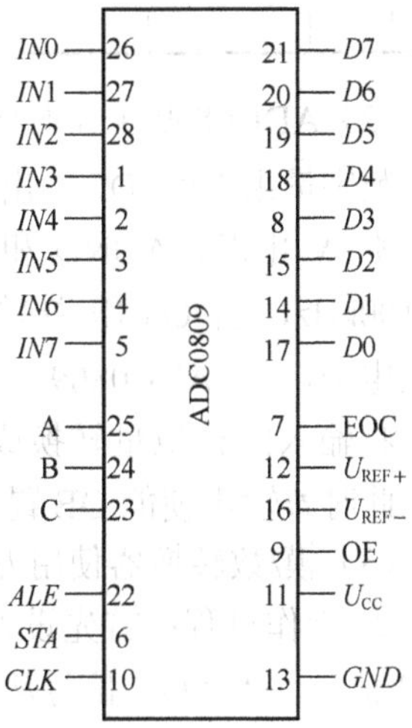

图 6.39 ADC0809 封装

（2）模/数转换器的主要性能指标。

① 分辨率：对于模/数转换器，分辨率表示输出数字量变化一个相邻数码所需输入模拟电压的变化量。其大小定义为满刻度电压与 2^n 的比值。例如 AD574 为 12 位（$n=12$），分辨率为满刻度的 $1/2^{12}$（0.0245%）；若满刻度为 10V，则模/数转换器能分辨的最小电压变换量为 2.4mV。

② 量化误差：量化误差是由于模/数转换器的有限分辨率引起的，通常为 $\pm\frac{1}{2}\text{LSB} \sim 1\text{LSB}$，分辨率高的模/数转换器具有较小的量化误差。

③ 转换时间：转换速度是指模数转换器完成一次转换所花的时间，或每秒转换的次数。如 ADC0809 的转换时间为 100μs，而 AD574 的典型转换时间为 15μs。

此外，模/数转换器还有零值误差、满刻度误差、绝对精度、相对精度及线性度等指标。

2．ADC0809 的工作时序与使用方法。

（1）地址选择。

ADC0809 的模拟量输入有 8 路，具体选择哪一路模拟信号进行转换由三位地址 C、B、A（C 为高位）和地址锁存信号 ALE 控制，经译码决定，具体的控制如表 6.25 所示。

表 6.25   地址译码规则

输入地址码			ALE	地址端口
C	B	A		
0	0	0	1	$IN0$
0	0	1	1	$IN1$
0	1	0	1	$IN2$
0	1	1	1	$IN3$
1	0	0	1	$IN4$
1	0	1	1	$IN5$
1	1	0	1	$IN6$
1	1	1	1	$IN7$

（2）ADC0809 工作时序。

数字量由 D0～D7 输出，数字量共 8 位，D0 为最低位（LSB），D7 为最高位（MSB），V_{CC} 接 5V 电源，AGND 和 DGND 分别为模拟地和数字地。ADC0809 的输入时钟频率最大为 100kHz，由 CLKIN 端输入。每次转换前，必须先使地址控制信号有效，写入端 $\overline{WR}$ 同时为低电平，将 ADC0809 初始化，为转换做好准备；再使 $\overline{WR}$ 为高电平，ADC0809 开始工作，将输入的模拟量转换成数字量。每次转换完成后，转换结束标志信号 EOC 变为高电平，此时若输出使能 OE 置为高电平，数据输出。具体的工作时序如图 6.40 所示。

（3）模/数转换器使用方法。

① 操作过程：首先设置 CBA 的值，选通模拟转换通道；然后发出启动转换脉冲，检测 EOC 信号，当 EOC 信号从低变为高，则通过设置 OE 读出数据，否则等待 AD 转换；当读出数据后，根据要求设置下一次转换。

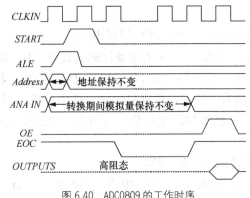

图 6.40　ADC0809 的工作时序

② 动态范围设置：参考电压端 U_{REF+} 和 U_{REF-} 确定转换的动态范围。由于 ADC0809 为单极性输入，通常将 U_{REF+} 接+5V，U_{REF-} 接地，动态范围为 5V。若输入电压在其中的 2～3V 范围内，可设置 U_{REF+} 为 3V，U_{REF-} 为 2V，这样可提高测量精度。

③ 偏移误差与满刻度误差的测量与调整：通常，在进行数据采集前，需进行偏移误差与满刻度误差的测量与调整。首先进行偏移误差的测量，通过调整电位器使偏移误差最小，然后进行满刻度误差的测量与调整。这里调整的是信号输入的放大器的调整。

3．实验参考电路。

本实验为了测试方便，将转换启动信号 START 与转换结束信号 EOC 相接，这样每次转换完毕即刻启动下一次转换。同时将输出使能信号 OE 也与 START 相接，使每次转换数据一旦完毕即输出，这样在操作上简化了许多，方便观察数据。具体的实验原理图如图 6.41 所示。

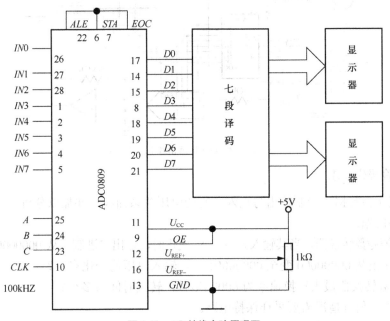

图 6.41　A/D 转换实验原理图

四、实验内容和步骤

1. 按图接好电路，输出 D0～D7 接译码显示电路。

2. 将 IN0 接 5V 电压，根据表 6.25 的地址译码表设置 ABC 的电位；调节 U_{REF+} 上的电压，使输出为 11111110，测出此时的 U_{REF+} 值。保持 U_{REF+} 不变，将 IN0 与之相连，读出输出的数字量（要求七段译码为全译码，根据显示段码推出二进制码和电压值）。

3. 保持 U_{REF} 不变，令 IN0 输入电压分别为 3.5V、2.5V、1.5V、1.0V、0.5V，读出相应的输出数字量。

4. 调整动态范围，使之成为 1V～5V。

5. 动态测试模/数转换。按图 6.41 接好电路，IN0 输入 U_{pp}=5V、f=0.1Hz 的锯齿波，选通 IN0，观察 LED 显示，将锯齿波改为方波，再观察 LED 显示情况。

五、模/数转换器仿真研究

1. 执行 EWB 软件，建立图 6.42 所示的电路原理图。

2. 分析该电路图的工作原理和输出波形。

3. 输入信号为 2V/100Hz 时，观察采样时钟从 100Hz 开始，步进为 100Hz，直至 2kHz 时输出波形的变化。试设计低通滤波器，若需要恢复原信号，最低采样时钟为多大合适？

4. 输入信号为 2V/100Hz 时，改变参考电压，比较输入、输出波形。考察波形不失真时，被采样信号大小、参考电压、输出电压的关系。

5. 图 6.42 中模/数转换器为理想模型，若改为 TTL、CMOS 模型，则电路参数需做何改变？

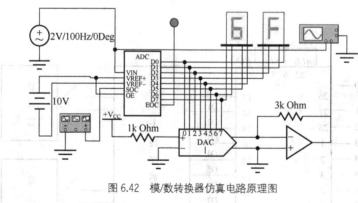

图 6.42 模/数转换器仿真电路原理图

六、实验报告要求

1. 整理实验数据，绘制输出与输入之间的电压关系曲线，并加以分析。

2. 回答问题：

（1）8 位模/数转换器，当其输入为 0～5V 变化时，输出二进制码从 00000000 至 11111111 变化，问使输出从 00000000 变至 00000001 时，输入电压值变化多少？

（2）模/数转换器最大转换速率为 6000 次/秒，转换时间为多少？

（3）分析在何种情况需要采样保持电路。

（4）如何测试一段时间内输入信号的最小值和最大值？

七、实验元器件

集成电路　ADC0809　1 片，74LS47　2 片
共阳极七段显示器　2 只

实验十三　555 定时器及应用

一、实验目的

1．掌握 555 集成定时器的组成和工作原理。
2．掌握用 555 定时器构成的单稳态电路和多谐振荡电路。

二、预习要求

1．复习 555 定时器的工作原理，了解其外引线排列。
2．复习用 555 定时器构成的单稳态电路和多谐振荡电路的工作原理，设计实验内容 1、2 中的电路参数。
3．设计实验内容 4 的电路参数，并计算两种声音高电平的持续时间。

三、实验原理

1．555 定时器。

555 定时器是一种模拟电路和数字逻辑电路相结合的中规模集成电路，在波形产生、变换整形定时及控制系统中有着广泛的应用。TTL 单定时器的型号 555，双定时器为 556，CMOS 单定时器的型号为 7555，双定时器为 7556。555 定时器的结构原理图和外引线排列图如图 6.43 所示。其功能表如表 6.26 所示，这是在电压控制端⑤悬空或以小电容接地时的结论。若在电压控制端加 $0 \sim U_{CC}$ 中之间的控制电压 U_{CO} 时，比较器 C_1、C_2 的参考电压将不再是 $2/3\ U_{CC}$ 和 $1/3\ U_{CC}$，而是 U_{CO} 和 $1/2\ U_{CO}$，在同样的输入下，输出电压将有所变化。

表 6.26　　　　　　　　　　　555 集成定时器功能表

输入			输出	
阀值输入⑥	触发输入②	复位④	输出③	放电管 T⑦
×	×	0	0	导通
$< \dfrac{2}{3} U_{CC}$	$< \dfrac{1}{3} U_{CC}$	1	1	截止
$> \dfrac{2}{3} U_{CC}$	$> \dfrac{1}{3} U_{CC}$	1	0	导通
$< \dfrac{2}{3} U_{CC}$	$> \dfrac{1}{3} U_{CC}$	1	不变	不变

2．单稳态电路。

图 6.44 为用 555 构成的单稳态电路，RC 为定时元件。当触发输入端 2 输入一低电平脉冲时，输出端 3 输出一高电平脉冲，脉冲宽度 $t_{w} \approx 1.1RC$。此电路要求输入脉冲宽度要小于 t_{w}，如宽度大于 t_{w}，可在输入端加 RC 微分电路。

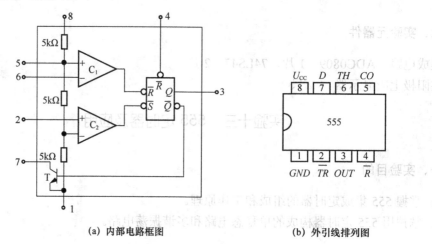

(a) 内部电路框图　　　　　　　　　(b) 外引线排列图

图 6.43　555 集成定时器

3. 多谐振荡电路。

图 6.45 为 555 构成的多谐振荡电路，充电时电源通过 R_1 和 R_2 对电容 C 充电，放电时，电容 C 通过 R_2 放电，电路的工作过程如表 6.27 所示。

表 6.27　　　　　　　　　　　　　　　多谐振荡电路工作原理

$U_C=U_2=U_6$	$\bar{R}$	$\bar{S}$	输出 u_0	放电管 T	电容状态
$U_C<\frac{1}{3}U_{CC}$	1	0	1	截止	充电
$\frac{1}{3}U_{CC}<U_C<\frac{2}{3}U_{CC}$	1	1	1（不变）	截止	充电
$U_C>\frac{2}{3}U_{CC}$	0	1	0	导通	放电
$\frac{1}{3}U_{CC}<U_C<\frac{2}{3}U_{CC}$	1	1	0（不变）	导通	放电
$U_C<\frac{1}{3}U_{CC}$	1	0	1	截止	充电

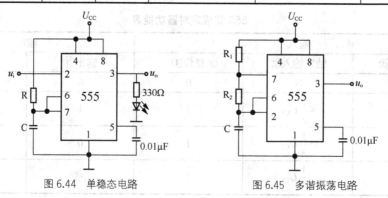

图 6.44　单稳态电路　　　　　　　　图 6.45　多谐振荡电路

高电平持续时间：

$$t_{WH}\approx0.7(R_1+R_2)C$$

低电平持续时间：

$$t_{WL}\approx0.7R_2C$$

振荡周期:

$$T \approx 0.7(R_1 + 2R_2)C$$

4. 双音音响电路。

图 6.46 为 555 构成的双音音响电路,555 I 构成一振荡频率很低的振荡电路,其输出电压作为 555 II 的控制电压,从而影响第二个振荡电路的输出,当 u_{o1} 是高电平时,

$u_{CO2} = \left(1 - \dfrac{R_w}{3R_w + 10}\right)U_{CC}$,大于 $\dfrac{2}{3}U_{CC}$,使 C_2 的充放电时间增加,从而使 u_{o2} 的频率减小;

当 u_{o1} 是低电平时,$u_{CO2} \approx \dfrac{R_w \| 10k}{R_w \| 10k + 5k} \cdot U_{CC}$,低于 $\dfrac{2}{3}U_{CC}$,使 C_2 的充放电时间减少,从而使 u_{o2} 的频率增大。

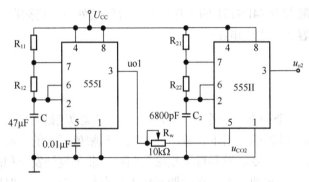

图 6.46　双音音响电路

四、实验内容

1. 设计并调试暂稳时间为 5s 左右的单稳态电路。

2. 设计并调试振荡频率为 1kHz、占空比接近 1/2 的多谐振荡电路。

3. 将上述两个电路连接成一低电平触发报警电路。

4. 设计一双音音响电路,参考电路如图 6.46 所示,要求频率在 800Hz 和 1200Hz 左右,两种声音的持续时间均为 2s。用示波器测量双音的频率(周期)及高电平持续时间。调节 R_w,观察输出信号 u_{o2} 的变化。

五、注意事项

测试单稳态电路时,输入脉冲宽度必须小于输出脉冲宽度 t_w。

六、实验报告要求

1. 画出所设计的实验电路图,记录实验结果。

2. 将实验结果与理论计算值比较,分析出现偏差的原因。

七、实验元器件

集成电路　555　2 片

蜂鸣器　1 只

发光二极管　1 只

阻容元件　若干

实验十四   集成单稳态触发器及应用

一、实验目的

1．掌握集成单稳态触发器 74LS121 的使用方法。
2．掌握脉冲展宽、变窄、延时等脉冲变换电路。
3．设计频率计的测量显示电路。

二、预习要求

1．了解单稳态触发器 74LS121 的工作原理，查阅其外引线排列图和功能表。
2．画出实验内容 2 的实验电路图。

三、实验原理

1．单稳态触发器。

单稳态触发器有一个稳态和一个暂稳态。在无外来触发脉冲作用时，长期保持稳态不变。在确定的外来触发脉冲的作用下，输出一个脉宽和幅值恒定的矩形脉冲。

单稳态触发器分为非重复触发和可重复触发两种。非重复触发单稳态触发器一经触发就输出一个脉宽确定的定时脉冲，不管在此期间输入量有什么变化，定时脉冲的脉宽仅取决于单稳态电路的定时电阻 R 和定时电容 C。

可重复触发单稳态触发器，若输入一系列触发信号，且各触发信号相距的时间小于定时脉冲的脉宽，则输出脉冲由第一次触发开始，直到最后一次触发，再延续一个定时脉冲才结束。

调节单稳态触发器输出脉宽的方法有 3 个：第一，调整定时电阻和定时电容；第二，用重复触发将它延长；第三，用清零端将其缩短。

单稳态触发电路可用门电路或集成单稳态触发器或集成定时器（555 电路）构成，常用于脉冲的整形、延时和定时。

TTL 集成单稳态触发器的型号有：单稳态触发器 74LS121、双单稳态触发器 74LS221、可重复触发单稳态触发器 74LS122、双可重复触发单稳态触发器 74LS123 等。CMOS 集成单稳态触发器的型号有：双单稳态触发器 CC4098 和 CC14528（非重复触发和可重复触发）。

本实验所用的非重复触发单稳态触发器 74LS121 的外引线排列图和功能表如图 6.47 所示。触发器内部的定时电阻 R_{int}=2kΩ，因其温度系数较大，一般不使用，而是采用外接定时电阻 R_{ext}，R_{ext} 接在 11 脚和 14 脚之间，R_{ext} 的取值范围为 2～30kΩ。外接电容 C_{ext} 的取值范围为 10pF～1000μF，最佳取值范围为 10pF～10μF。单稳态触发器的输出脉宽 t_w 为

$$t_w \approx 0.7 R_{ext} \cdot C_{ext}$$

t_w 的范围为 40ns～28s。

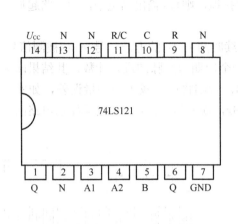

74LS121功能表

输入			输出	
$A1$	$A2$	B	Q	$\overline{Q}$
0	×	1	0	1
×	0	1	0	1
×	×	0	0	1
1	1	×	0	1
1	↓	1	⎍	⎊
↓	1	1	⎍	⎊
↓	↓	1	⎍	⎊
0	×	↑	⎍	⎊
×	0	↑	⎍	⎊

(a)外引线排图 　　　　　　　　(b)功能表

图 6.47 74LS121 集成单稳态触发器

2. 脉冲变换电路。

单稳态触发器的一个重要应用是对脉冲波形进行变换，在图 6.48 所示的脉冲变换电路中，单稳态触发器 I 采用上升沿触发，输出脉宽 $t_{w1}=0.7R_1C_1$，单稳态触发器 II 采用下降沿触发，输出脉宽 $t_{w2}=0.7R_2C_2$，适当选择 R_1、C_1、R_2、C_2 可使输出脉冲延时展宽或延时变窄，若直接从 Q_1 输出，则不产生延时。

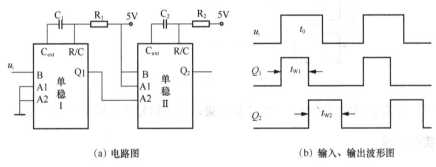

(a)电路图 　　　　　　　　(b)输入、输出波形图

图 6.48 脉冲变换电路

3. 多谐振荡电路。

利用两个单稳态触发器的串接与反馈可构成占空比可调的多谐振荡器，电路如图 6.49 所示。两个单稳态触发器为 74LS121，第一个单稳态触发器为上升沿触发，触发脉冲由 $\overline{Q}_2$ 提供；第二个单稳态触发器为下降沿触发，触发脉冲由 Q_1 提供。接通电源后，若单稳 I 的输出 Q_1 为低电平，则单稳 II 被触发，输出 Q_2 跳为高电平，经延迟时间 $t_{w2}=0.7R_2C_2$ 后自动返回低电平，这时 $\overline{Q}_2$ 跳为高电平，其上升沿触发单稳 I，使单稳 I 的输出 Q_1 跳为高电平，经延迟时间 $t_{w1}=0.7R_1C_1$ 后自动返回低电平，这时 Q_1 的下降沿又触发单稳 II，如此重复，单稳 II 的输出 Q_2 即为一占空比可调的方波，高电平持续时间为 t_{w2}，低电平持续时间为 t_{w1}，其频率为

$$f = \frac{1}{t_{w1}+t_{w2}} \approx \frac{1}{0.7(R_1C+R_2C)}$$

若接通电源后无脉冲输出，可将单稳Ⅱ的 B 瞬时接地，则 $\overline{Q}_2$ 输出高电平，使电路起振。

4．频率计测量、显示电路。

频率为 1s 内的脉冲次数，用一个高电平持续时间为 1s 的方波信号 A 和被测信号 B 相与，A·B 的波形如图 6.50 所示，用计数器对一个周期为的脉冲进行计数，其结果即为被测信号的频率（一个周期内的脉冲数应远大于 10，否则将产生较大的测量误差，如实际频率为 8Hz，测量结果则可能是 8Hz，也可能是 9Hz，误差达 12.5%），测量显示电路的原理框图如图 6.51 所示。

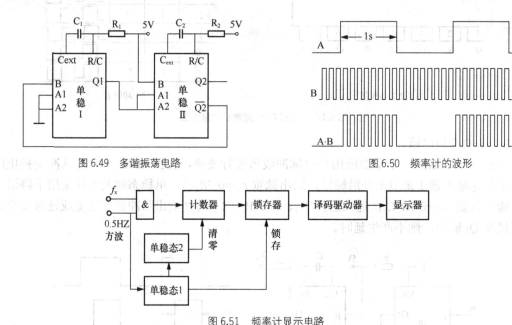

图 6.49　多谐振荡电路　　　　　　　　　图 6.50　频率计的波形

图 6.51　频率计显示电路

为确保锁存器能正确锁存计数器的计数结果，清零信号应滞后于锁存信号。

四、实验内容

1．脉冲变换电路。

实验电路如图 6.48（a）所示，输入信号为 2kHz 的正方波，选择合适的阻容元件，使输出波形延时 0.2ms，脉宽变为 0.05ms，用示波器观察并在坐标纸上描下输入、输出波形，记录下 R、C 的值。

2．设计一频率计测量显示电路，要求：

（1）频率测量范围为 0～99Hz，可不考虑测量误差；

（2）0.5Hz 方波可用 555 定时器组成的多谐振荡器产生，锁存、译码、驱动电路可用 CC4511。

五、注意事项

1．外接定时电容接在 C_{ext}（10 脚）和 R_{ext}/C_{ext}（11 脚）之间，电解电容的正极接 C_{ext}。

2．为减小测量误差，被测信号的频率取 20Hz 以上。

六、实验报告要求

1．将脉冲变换电路的输出波形与理论计算结果比较，分析产生误差的原因。

2．画出频率计测量显示电路图，简述工作原理，对测量结果进行误差分析，提出能准确测量 10Hz 以下频率的改进措施。

七、实验主要器件

集成电路　74LS121、74LS161、CC4511 各 2 片

共阴极七段显示器　2 只

阻容元件　若干

实验十五　简易数控直流稳压电源设计

一、设计任务与要求

设计并制作有一定输出电压调节范围和功能的数控直流稳压电源。用 EWB 软件仿真，实验测试电路的功能。具体要求如下。

1．输出直流电压调节范围 5～15V，纹波小于 10mV。

2．最大输出电流 500mA。

3．稳压系数小于 0.2。

4．输出电阻小于 0.5Ω。

5．输出直流电压能步进调节，步进值为 1V。

6．由 "+"、"-" 两键分别控制输出电压步进增和减。

二、课题分析及设计思路

根据设计任务要求，数控直流稳压电源的工作原理框图如图 6.52 所示。简易数控直流稳压电源主要包括三大部分：数字控制部分、数/模变换器及可调稳压电源。数字控制部分用+、-按键控制一可逆二进制计数器，二进制计数器的输出输入到数/模变换器，经数/模变换器转换成相应的电压，此电压经过放大到合适的电压值后，去控制稳压电源的输出，使稳压电源的输出电压以 1V 的步进值增或减。

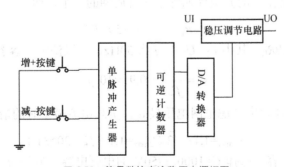

图 6.52　简易数控直流稳压电源框图

1. 整流、滤波电路设计。

首先确定整流电路结构为桥式电路，滤波选用电容滤波。电路如图 6.53 所示。

电路的输出电压 U_I 应满足

$$U_I \geqslant U_{Omax} + (U_I - U_O)_{min} + \triangle U_I + U_{RIP}$$

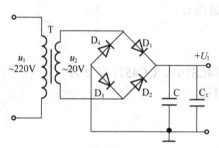

图 6.53 单相整流滤波电路

式中，U_{Omax} 为稳压电源输出最大值；$(U_I - U_O)_{min}$ 为集成稳压器输入输出最小电压差；U_{RIP} 为滤波器输出电压的纹波电压值，一般取 U_O、$(U_I - U_O)_{min}$ 之和的 10%；$\triangle U_I$ 为电网波动引起的输入电压的变化，一般取 U_O、$(U_I - U_O)_{min}$、U_{RIP} 之和的 10%。

对于集成三端稳压器，当 $(U_I - U_O)_{min} = 3 \sim 10V$ 时，具有较好的稳压特性。故滤波器输出电压值：$U_I \geqslant 15 + 3 + 1.8 + 1.98 \approx 22$ （V），取 $U_I = 22V$。根据 U_I 可确定变压器次级电压：

$$U_2 = U_I / (1.1 \sim 1.2) \approx 20V$$

在桥式整流电路中，变压器次级电流与滤波器输出电流的关系为

$$I_2 = (1.5 \sim 2) I_O > 1.5 \times 0.5 = 0.75A$$

取变压器的效率 $\eta = 0.8$，则变压器的容量为

$$P = U_2 I_2 / \eta > 20 \times 0.75 / 0.8 = 18.75W$$

选择容量为 20W 的变压器。

因为流过桥式电路中每只整流二极管的电流为

$$I_D = 1/2 I_{max} = 1/2 I_{Omax} = 1/2 \times 0.5 = 0.25A$$

每只整流二极管承受的最大反向电压为

$$U_{RM} = \sqrt{2} U_{max} = \sqrt{2} \times 20 \times (1 + 10\%) \approx 31V$$

选用二极管 IN4001，其参数为 $I_D = 1A$，$U_{RM} = 100V$，可见能满足要求。

一般滤波电容的设计原则是，取其放电时间常数 $R_L C$ 是其充电周期的确 $3 \sim 5$ 倍。对于桥式整流电路，滤波电容 C 的充电周期等于交流周期的一半，即

$$R_L C \geqslant (3 \sim 5) T/2$$

$R_L C = 2T$，则 $C = 2/f R_L$，其中 $R_L = U_I / I_I$，f 为 50Hz。所以滤波电容容量为

$$C = \frac{2I_I}{f U_I} = 0.91 \times 10^3 \mu F$$

取 $C = 1000\mu F$。电容耐压值应考虑电网电压最高、负载电流最小时的情况。

$$U_{Cmax} = 1.1 \times \sqrt{2} U_{2max} = 1.1 \times \sqrt{2} \times 20 \approx 31.1V$$

综合考虑，滤波电容可选择 $C = 1000\mu F/50V$ 的电解电容。另外为了滤除高频干扰和改善电源的动态特性，一般在滤波电容两端并联一个 $0.01 \sim 0.1\mu F$ 的高频瓷片电容。

2．可调稳压电路设计。

为了满足稳压电源最大输出电流 500mA 的要求，可调稳压电路选用三端集成稳压器 CW7805，该稳压器的最大输出电流可达1.5A，稳压系数、输出电阻、纹波大小等性能指标均能满足设计要求。要使稳压电源能在 5～15V 之间调节，可采用图 6.54 所示电路。

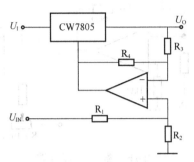

图 6.54 可调稳压电路

设运算放大器为理想器件，则 $U_+ \approx U_-$。又因为 $U_+ = \dfrac{R_2}{R_1 + R_2} U_{\text{IN}}$，$U_- = U_O - \dfrac{R_3}{R_3 + R_4} \times 5$，所以，输出电压满足关系式

$$U_O = \frac{R_2}{R_1 + R_2} U_{\text{IN}} + \frac{R_3}{R_3 + R_4} \times 5$$

令 $R_1 = R_4 = 0$，$R_2 = R_3 = 1\text{k}\Omega$，则

$$U_O = U_{\text{IN}} + 5$$

由此可见，U_O 与 U_{IN} 之间呈线性关系，当 U_{IN} 变化时，输出电压也相应改变。若要求输出电压步进增或减，U_{IN} 步进增或减即可。

3．数/模变换器设计。

若要使 U_{IN} 步进变化，则需要一数/模转换器完成。电路如图 6.55 所示。

该电路的输入信号接四位二进制计数器的输出端，设计数器输出的高电平为 U_{H}，输出的低电平为 $U_{\text{L}} \approx 0\text{V}$，则输出电压表达式为

$$U_{\text{O1}} = -R_{\text{f}}(\frac{U_{\text{H}}}{8R}D_0 + \frac{U_{\text{H}}}{4R}D_1 + \frac{U_{\text{H}}}{2R}D_2 + \frac{U_{\text{H}}}{R}D_3)$$

$$= -\frac{R_{\text{f}}U_{\text{H}}}{8R}(D_0 + 2D_1 + 4D_2 + 8D_3)$$

设 $U_{\text{IN}} = -U_{\text{O1}}$，当 $D_3D_2D_1D_0 = 1010$ 时，要求 $U_{\text{IN}} = 10\text{V}$，即

$$\frac{R_{\text{f}}U_{\text{H}}}{8R} \times 10 = 10$$

当 $U_{\text{H}} = 5\text{V}$ 时，$R_{\text{f}} = 1.6R$。取 $R = 10\text{k}\Omega$，R_{f} 由 10kΩ 电阻和 10kΩ 电位器串联组成。

4．数字控制电路设计。

数字控制电路的核心是可逆二进制计数器。74LS193 就是双时钟 4 位二进制同步可逆计数器。计数器数字输出的加/减控制是由"＋"、"－"按键组成，按下"＋"或"－"键，产生的输入脉冲输入到处 74LS193 的 CP+或 CP-端，以便控制 74LS193 的输出是作加计数还是作减计数。为了消除按键的抖动脉冲，引起输出的误动作，分别在"＋"、"－"控制

口接入了由双集成单稳态触发器 74LS123 组成的单脉冲发生器。每当按一次按键时，输出一个 100ms 左右的单脉冲。电路如图 6.56 所示。74LS193 及 74LS123 的功能表请查阅有关资料。

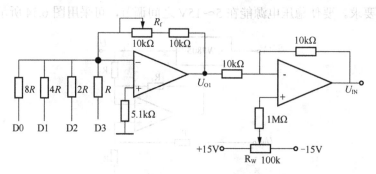

图 6.55 数/模转换器电路

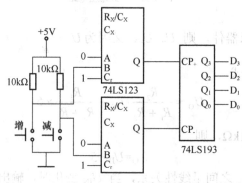

图 6.56 可逆二进制计数器

三、集成电路及元件选择

单稳态触发器采用 74LS123 组成的单脉冲发生器。集成计数器采用 74LS193，可调稳压电路选用三端集成稳压器 CW7805。运算放大器采用 LM324，此外整流电路变压器采用 20W，11:1 选用二极管 IN4001，其参数为 $I_D=1A$，$U_{RM}=100V$。

四、原理图绘制与电路仿真

用 EWB 软件绘制出该电路的原理图，对所设计的电路进行仿真实验。在仿真实验过程中，发现问题及时修改，直至达到设计要求。

五、电路安装与调试

调试过程中，最好分步或分块进行。

1. 辅助电源的安装调试。

在安装元件之前，尤其要注意电容元件的极性，注意三端稳压器的各端子的功能及电路的连接。检查正确无误后，加入交流电源，测量各输出端直流电压值。

2. 单脉冲及计数器调试。

加入 5V 电源，用万用表测量计数器输出端子，分别按动 "+" 键和 "−" 键，观察计数器的状态变化。

3．数/模变换器电路调试。

将计数器的输出端 $Q_3 \sim Q_0$ 分别接到数/模转换器的数字输入端 $D_3 \sim D_0$，当 $Q_3 \sim Q_0=0000$ 时，调节 R_{W1}，使运算放大器输出 $U_{IN}=0V$；当 $Q_3 \sim Q_0=1010$ 时，调节 10kΩ 电位器，使 $U_{IN}=10V$。

4．可调稳压电源部分调试。

将电路连接好，在运算放大器同相输入端加入 0～10V 的直流电压，观察输出稳压值的变化情况。

将上述各部分电路调节器试好后，将整个系统连接起来进行通调。

六、设计与测试报告要求

1．认真撰写《设计与测试报告》（格式见附录 C）。

2．完善电路功能：为避免在输出 0V 时按"减"键使输出从 5V 跳变为 15V，以及在输出 15V 时按"增"键使输出再增加，电路应在输出 5V 时不能再减，在输出 15V 时不能再增，请设计相应电路。

实验十六　多功能数字钟设计

一、设计任务与要求

设计一个具有"时"、"分"、"秒"显示的数字钟，要求：

（1）具有正常走时的基本功能；

（2）具有校时功能（只进行分、时的校时）；

（3）具有整点报时功能；

（4）具有定时闹钟功能；

（5）秒信号产生电路采用石英晶体构成的振荡器；

（6）写出设计步骤，画出设计的逻辑电路图；

（7）对设计的电路进行仿真、修改，使仿真结果达到设计要求；

（8）安装并测试电路的逻辑功能。

二、课题分析及设计思路

数字钟基本功能的原理框图如图 6.57 所示。其工作原理是：秒脉冲产生电路作为数字钟的时间基准信号，输出 1Hz 的标准秒脉冲作为秒计数器的计数脉冲。秒计数器计满 60 后产生一进位信号作为分计数器的计数脉冲，分计数器计满 60 后产生一进位信号作为小时计数器的计数脉冲。因此在数字钟电路中，秒计数器和分计数器为六十进制加计数器，小时计数器为二十四进制加计数器。

1．秒脉冲产生电路的设计。

秒脉冲产生电路是数字钟的核心，它的稳定度和精确度决定了数字钟走时的准确度。因此通常选用石英晶体振荡电路。图 6.58 是由集成电路 CD4060（14 位二进制串行计数器）

和石英晶体构成的一种典型的脉冲产生电路，图中晶振的谐振频率为 32768Hz，经 CD4060 内部的 14 级二分频器后，从 Q₄~Q₁₀ 和 Q₁₂~Q₁₄ 各输出端可分别得到频率为 2048 Hz，1024 Hz，512 Hz，256 Hz，128 Hz，64 Hz，32 Hz，8 Hz，4 Hz 和 2 Hz 的脉冲信号。将 2Hz 信号再经一个外接的二分频电路即可得到 1Hz 的秒脉冲信号。

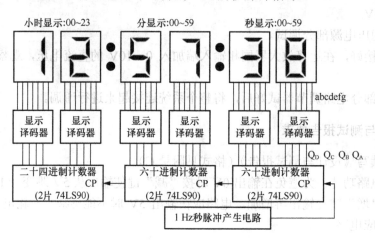

图 6.57　数字钟原理框图

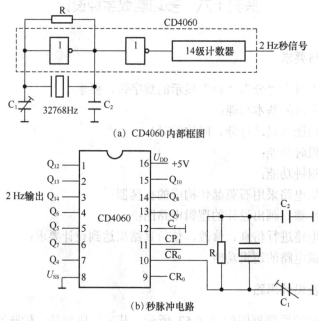

(a) CD4060 内部框图

(b) 秒脉冲电路

图 6.58　石英晶体振荡器构成的秒脉冲电路

2．时、分、秒计数器的设计。

分和秒计数器均为六十进制加计数器，秒计数器为二十四进制加计数器，它们可分别由两片 74LS90 级联并采用"反馈清零法"构成，设计中的难点是各个进位信号的产生。

3．校时电路的设计。

当数字钟接通电源或走时出现误差时，需要校时。其具体要求为：在小时校时时不影响分、秒的正常计数；在分校时时不影响小时、秒的正常计数。具体设计方案有 3 种：

（1）用集成门电路实现；

（2）用二选一的数据选择器实现；

（3）用单次脉冲产生电路实现。

图 6.59（a）、（b）为方案（1）、（2）的校时电路，图中当控制信号为 1 时正常走时；当控制信号为 0 时用秒脉冲校时。需要注意的是，控制信号 1 或 0 实际上由开关产生，可能会产生抖动而影响校时操作，必要时可在开关两端并联一个 0.01μF 电容或者利用 RS 触发器构成专门的去抖动电路。

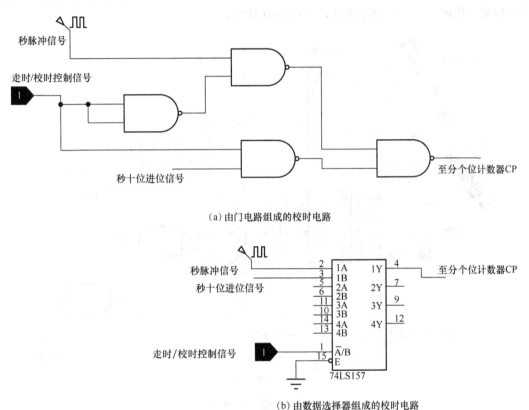

（a）由门电路组成的校时电路

（b）由数据选择器组成的校时电路

图 6.59　校时电路

4. 整点报时电路设计。

整点报时电路的功能是：每当数字钟走时到整点时发出声响，有些情况下对声响还有其他特殊要求，如声响的音调、次数及几点响几声等。具体设计方案有如下几种。

（1）利用分位六十进制计数器的进位信号。如图 6.60 所示，分位六十进制计数器向小时位计数器产生进位信号时，正好是整点时刻。但该进位信号为窄脉冲，不能直接驱动发声，故将此信号经一单稳态触发器展宽后再送蜂鸣器。

图 6.60　整点报时电路框图

（2）利用比较器或集成逻辑门实现。当分位、秒位计数器的输出端均为"59"（**01011001**）时，下一秒即为整点时刻。用 4 片 4 位集成比较器将"59"、"59"分别和分位、秒位计数器的当前时间进行比较，当它们相等时即产生整点控制信号。根据这一思路，可提前几秒开始整点报时。此外用集成逻辑门也可实现。

（3）实现"整点为几报几下"。其主要思路：设计一个 2 位减法计数器，将数字钟小时个位及十位的当前时间作为减法计数器的预置数据，将分位六十进制计数器的进位信号作为置数控制信号，则每当整点时刻到达时，减法计数器从小时计数器的整点值开始进行减计数，每减一次响一声，直到零为止，如图 6.61 所示。

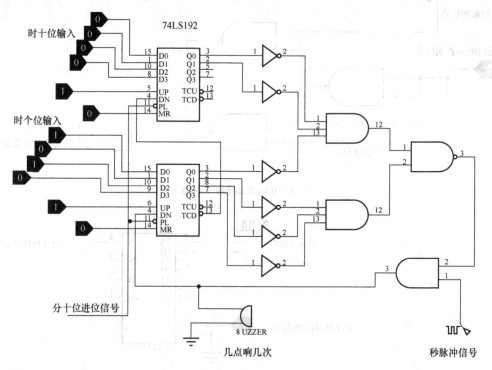

图 6.61　整点报时电路

（4）要求在差 10 秒为整点时产生每隔 1 秒鸣叫 1 次的响声：共叫 5 次，每次持续 1 秒，前 4 声为低音 500Hz，后 1 声为高音 1kHz。其主要思路：设 4 声低音分别发生在 59 分 51 秒、53 秒、55 秒、57 秒，最后 1 声高音发生在 59 分 59 秒，它们的持续时间均为 1 秒。如表 6.28 所示。

表 6.28　秒个位计数器的状态

CP（秒）	Q_3	Q_2	Q_1	Q_0	功能
50	0	0	0	0	
51	0	0	0	1	低音
52	0	0	1	0	停
53	0	0	1	1	低音
54	0	1	0	0	停

续表

CP（秒）	Q_3	Q_2	Q_1	Q_0	功能
55	0	1	0	1	低音
56	0	1	1	0	停
57	0	1	1	1	低音
58	1	0	0	0	停
59	1	0	0	1	高音
00	0	0	0	0	停

由表 6.28 可知，当 Q_3 为 1 时，高音 1kHz 输入声响电路；当 Q_3 为 0 时，低音 500Hz 输入声响电路，且只有当分十位的 Q_2Q_0 为 11、分个位的 Q_3Q_0 为 11、秒十位的 Q_2Q_0 为 11、秒个位的 Q_0 为 1 时，才会有信号输入到声响电路而发出声音。这一功能可以由若干个集成门来实现。如图 6.62 所示。

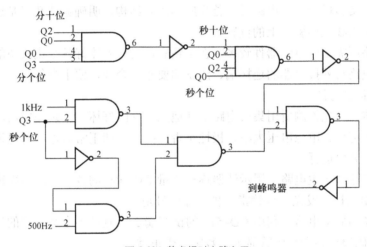

图 6.62　整点报时电路之三

5．定时闹钟功能。

数字钟在预定的时刻发出信号驱动声响电路而发出声音。要求闹钟的开始时刻与声响持续时间均满足规定的要求，如预定时刻到时发出闹钟信号，持续时间为 1 分钟或不限或仿广播电台报时（4 低音 1 高音的顺序，高音的结束时刻为整点时刻）等。具体设计方案有如下两种。

（1）利用多片比较器实现，预置闹钟时间为二进制数形式。将当前时间与预置闹钟时间进行比较，当两者相等时，发出闹钟信号。在该方案基础上采用多片 BCD 码编码器，可使预置闹钟时间为十进制数形式。

（2）用多个三输入与门实现，预置闹钟时间为二进制数形式。时、分和秒计数器的十位及个位输出端分别接到各自的三输入与门，共需 6 个三输入与门。再将 6 个三输入与门的输出相与而得到闹钟信号。这种方案的缺点是当预置闹钟时间改变时，电路的接线也要相应变化。

三、集成电路及元件选择

"秒脉冲产生电路"采用 32768Hz 晶振、CD4060 和集成 D 触发器 74LS74；"六十进制计数器"、"二十四进制计数器"采用 74LS90；"译码显示电路"采用 CD4511 和共阴极数码管；其他扩展功能电路依据不同的电路方案而选择相应的元器件。

四、原理图绘制与电路仿真

用 EWB 软件绘制出该电路的原理图，对所设计的电路进行仿真实验。在仿真实验过程中，首先进行数字钟的基本走时功能的仿真，然后逐一添加扩展功能进行仿真，直至达到全部功能的设计要求。

五、电路安装与调试

1．电路布局。

在多孔电路实验板上装配电路时，首先应熟悉其结构，明确哪些孔眼是连通的，并安排好电源正、负引出线在实验板上的位置。

数字钟电路所需集成电路器件较多，在电路布局时应安排好各个集成块的位置，以方便连线为原则。电路与外接仪器的连接端、测试端要布置合理，便于操作。

2．安装与调试方法。

电路安装前，要先检测所用集成电路及其他元器件的好坏。安装完成后，要用万用表检测电路接触是否可靠、电源电压大小、极性是否正确。一切正常后才能通电调试。调试过程中，最好分步或分块进行。

首先调试秒脉冲产生电路。用示波器逐一测量 CD4060 的各个不同频率输出端波形，并在 1Hz 频率输出端接一发光二极管指示秒脉冲信号是否正常。

然后调试译码显示电路。利用 CD4511 的试灯端 3 脚测试各个数码管的好坏，并输入任意一组 BCD 代码检查各个数码管显示的数字是否正常。

接着调试时、分、秒计数器电路。将时、分、秒计数器之间的进位信号断开而以秒脉冲信号代替它们，分块调试时、分、秒计数器电路。当它们均正常工作后再接入各个进位信号。

在数字钟的上述基本走时功能正常后，最后分别进行其他扩展功能的调试。

六、设计与测试报告要求

认真撰写《设计与测试报告》。

附录 A 常用电子仪器简介

A.1 双踪示波器

A.1.1 GOS-620 双踪示波器

1. 概述

GOS-620 双踪示波器是一种便携式通用示波器，具有两个独立 Y 通道，可同时测量两个信号，Y 放大器频带宽度为 0～20MHz，灵敏度为 1mV/div 扫描时基系统最高速度为 0.2μs/div，仪器内附有 1kHz、2V_{pp} 的探极校准信号，可供仪器内部校准。

2. 主要技术指标

（1）Y 系统

工作方式：Y_1、Y_2、DUAL（ALT/CHOP）、ADD。

输入选择：DC、⊥、AC。

输入阻抗：电阻 ～1MΩ，电容 ～25pF。

最大允许输入电压：300V （DC+AC_P）。

灵敏度

a．范围与挡数：5mV/div～5V/div，按 1-2-5 进制分为 10 挡。

b．准确度：误差不超过 3%，×5MAG：误差不超过 5%（当微调处于校准位置）。

c．微调比：≥2.5:1。

d．线性误差：≤5%。

频带宽度：AC 耦合 10Hz～20MHz，DC 耦合 0～20MHz。

（2）X 系统

扫描方式：自动、触发、X-Y、外 X。

扫描速度

a．范围与挡数：0.2μs/div～0.5s/div，按 1-2-5 进制分 20 挡。

b．准确度：当微调处于校准位置时，各挡误差不超过 3%，×5MAG：误差不超过 5%。

c．扫描微调比：≥2.5:1。

d．扫描线性误差：≤3%。

触发（同步）方式（见附表 A.1）

a．触发（同步）源：Y_1、Y_2、内、外、Y_1 与 Y_2 交替。

b．触发（同频）极性：+、-。

c．触发方式：AUTO、NORM、TV-V、TV-H。

附表 A.1　　　　　　　　　　触发（同步）阈值及频率范围

方式	频率范围	触发（同步）值			
		内触发	外触发	交替触发	TV 触发
触发	20Hz～2MHz	0.5div	0.2 div	2 div	1 div
	2MHz～20MHz	1.5div	0.8 div	3 div	

外触发输入阻抗：电阻 ～1MΩ，电容 ～25pF。

外触发最大输入电压：20V（DC+AC_P）。

X-Y 方式：X-Y_1、Y-Y_2。

a．范围：0.5～5V div　误差不超过 3%。

b．频带宽度：DC～500kHz。

c．相位差：DC～50kHz 时 ≤3%。

（3）其他

探极校准信号：1kHz，U_{PP}=2V 正方波。

功率：40VA、35W。

3．面板功能说明

面板图如附图 A.1 所示。

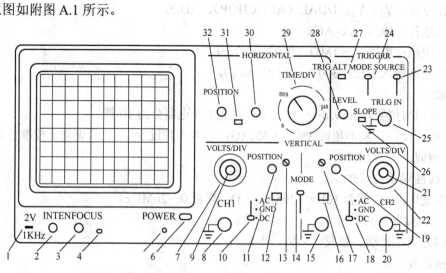

附图 A.1　GOS-620 双踪示波器面板图

CRT 显示屏

②INTEN：轨迹及光点亮度控制钮。

③FOCUS：轨迹聚焦调整钮。

④TRACE ROTATION：使水平轨迹与刻度线成平行的调整钮。

⑤电源指示灯

⑥POWER：电源主开关，按下此钮可接通电源，电源指示灯①会发亮；再按一次，开关凸起时，则切断电源。

VERTICAL 垂直方向

⑦⑫VOLTS/DIV：垂直衰减选择钮，选择 CH1 及 CH2 的输入信号衰减幅度，范围为 5mV/DIV~5V/DIV，共 10 挡。

⑩⑱AC-GND-DC：输入信号耦合选择按键组。

AC：垂直输入信号电容耦合，截止直流或极低频信号输入。

GND：按下此键则隔离信号输入，并将垂直衰减器输入端接地，使之产生一个零电压参考信号。

DC：垂直输入信号直流耦合，AC 与 DC 信号一起输入放大器。

⑧CH1（X）输入：CH1 的垂直输入端；在 X-Y 模式中，为 X 轴的信号输入端。

⑨㉑VARIABLE：灵敏度微调控制，至少可调到显示值的 1/2.5。在 CAL 位置时，灵敏度即为挡位显示值。当此旋钮拉出时（×5 MAG 状态），垂直放大器灵敏度增加 5 倍。

⑳CH2（Y）输入：CH2 的垂直输入端；在 X-Y 模式中，为 Y 轴的信号输入端。

⑪⑲POSITION：轨迹及光点的垂直位置调整钮。

⑭VERT MODE：CH1 及 CH2 选择垂直操作模式。

CH1：设定本示波器以 CH1 单一频道方式工作。

CH2：设定本示波器以 CH2 单一频道方式工作。

DUAL：设定本示波器以 CH1 及 CH2 双频道方式工作，此时并可切换 ALT/CHOP 模式来显示两轨迹。

ADD：用以显示 CH1 及 CH2 的相加信号；当 CH2 INV 键⑯为按下状态时，即可显示 CH1 及 CH2 的相减信号。

⑬⑰CH1&CH2　DC BAL.：调整垂直直流平衡点。

⑫ALT/CHOP：当在双轨迹模式下，放开此键，则 CH1&CH2 以交替方式显示（一般用于较快速的水平扫描）。按下此键，则以切割方式显示（一般用于较慢速的水平扫描）。

⑯CH2 INV：此键按下，CH2 的信号反向。

TRIGGER 触发

㉖SLOPE：触发斜率选择键。

㉖+：凸起时为正斜率触发，当信号上升通过触发准位时进行触发。

−：按下时为负斜率触发，当信号下降通过触发准位时进行触发。

㉕EXT TRIG. IN：外部触发信号输入端子，使用此端子时，需先将 SOURCE 选择器㉓置于 EXT 位置。

㉗TRIG. ALT：触发源交替设定键，当 VERT MODE 选择器⑭在 DUAL 或 ADD 位置，且 SOURCE 选择器㉓置于 CH1 或 CH2 位置时，按下此键，仪器即会自动设定 CH1 与 CH2

的输入信号以交替方式轮流作为内部触发信号源。

㉓SOURCE：内部触发源信号及外部 EXT TRIG. IN 输入信号选择器。

CH1：以 CH1 输入端的信号作为内部触发源。

CH2：以 CH2 输入端的信号作为内部触发源。

LINE：将 AC 电源线频率作为触发信号。

EXT：将 TRIG. IN 端子输入的信号作为外部触发信号源。

㉕TRIGGER MODE：发模式选择开关。

AUTO：当没有触发信号或触发信号的频率小于 25Hz 时，扫描会自动产生。

NORM：当没有触发信号时，扫描将处于预备状态，屏幕上不会显示任何轨迹，主要用于观察小于等于 25Hz 的信号。

TV-V：用于观测电视讯号之垂直画面信号。

TV-H：用于观测电视讯号之水平画面信号。

㉘LEVEL：触发准位调整钮，旋转此钮以同步波形，并设定该波形的起始点。将旋钮向"+"方向旋转，触发准位会向上移；将旋钮向"−"方向旋转，则触发准位向下移。

HORIZONTAL 水平方向

㉙TIME/DIV：扫描时间选择钮，扫描范围从 0.2μs/DIV 到 0.5μs/DIV 共 20 个挡位。X-Y:设定为 X-Y 模式。

㉚SWP. VAR：扫描时间的可变控制旋钮，按下 SWP. UNCAL 键⑲，并旋转此控制钮，扫描时间可延长至少为指示数值的 2.5 倍；该键未按下时，指示数值将被校准。

㉛×10 MAG：水平放大键，按下此键可将扫描放大 10 倍。

㉜POSITION：轨迹及光点的水平位置调整钮。

其他功能

① CAL（2Vpp）：探头校正信号输出端，此端子输出一个 $U_{pp}=2V$，$f=1kHz$ 的方波，用以校正探头及检查垂直方向的灵敏度。

⑮ GND：示波器接地端子。

A.1.2 XJ4328 双踪示波器

1. 概述

XJ4328 双踪示波器是一种便携式通用示波器，具有两个独立 Y 通道，可同时测量两个信号，Y 放大器频带宽度为 0～20MHz，灵敏度为 5mV/div，扫描时基系统最高速度为 0.5μs/div，仪器内附有 1kHz、$0.2V_{p-p}$ 的探头校准信号，可供仪器内部校准。

2. 主要技术指标

（1）Y 系统

工作方式：Y_1、ALT、CHOP、ADD、Y_2。

输入选择：DC、⊥、AC。

输入阻抗：电阻（$1\pm5\%$）MΩ，电容（27 ± 5）pF。

最大允许输入电压：400V（DC+AC$_P$）。

灵敏度

a. 范围与挡数：5mV/div～5V/div，按 1-2-5 进制分为 10 挡，误差不超过 5%（当微调处于校准位置）。

b. 微调比：≥2.5:1。

c. 幅度线性误差：≤5%。

d. 位移线性误差：≤5%。

频带宽度：偏转因数 5mV/div 级。

| +10～+35℃ | AC：10Hz～20MHz | DC：0～20MHz |
| 0～+10℃，+35～+40℃ | AC：10Hz～15MHz | DC：0～15MHz |

（2）X 系统

扫描方式：自动、触发、X-Y、外 X。

扫描速度

a. 范围 0.5μs/div～0.2s/div，按 1-2-5 进制分 18 挡，当微调处于校准位置时，各挡误差不超过 5%。

b. 扩展×10 在微调处于校准位置时，各挡误差不超过 10%。

c. 扫描微调比：≥2.5:1。

d. 扫描线性误差：≤10%。

触发（同步）方式（见附表 A.2）

a. 触发（同步）源：Y_1、Y_2、内、外。

b. 触发（同频）极性：+、-。

c. 触发方式：触发、自动。

附表 A.2 　　　　　　　触发（同步）阈值及频率范围

方式	耦合方式	频率范围	触发（同步）值	
			内触发	外触发
触发	AC	10Hz～10MHz 10MHz～20MHz	1div 1.5div	0.5V
自动	AC	50Hz～10MHz 10MHz～20MHz	1div 1.5 div	0.5V

外触发输入阻抗：电容（27±5）pF。

外触发最大输入电压：20V（DC+AC_P）。

X-Y 方式：X-Y_1、Y-Y_2。

a. 范围：0.5～5V div　误差不超过 10%。

b. 频带宽度：DC～300kHz　-3dB。

c. 相位差：d≤3°（10kHz）。

（3）其他

探极校准信号：1kHz，V_{P-P}=0.2V 方波。

视在功率：（30±20%）VA。

平均无故障工作时间：1000h。

3. 面板功能说明

面板图如附图 A.2 所示。

①指示灯：当电源接通时，指示灯发红光。

②电源开关：仪器的电源总开关，按下接通。

③⑦DC、⊥、AC：Y 放大器两个通道的输入选择开关，可使输入端为交流耦合、接地、直流耦合。交流耦合时，显示波形只有交流分量；直流耦合时，显示波形既有交流分量，又有直流分量，接地时不显示波形。

④⑧输入插座：是 CH1、CH2 输入插座，作为被测信号的输入端。

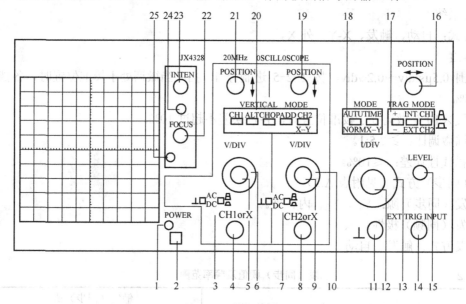

附图 A.2　JX4328 双踪示波器面板图

⑤⑨微调旋钮：辅助调节显示波形的幅度，顺时针方向旋足并接通开关时是"校准"位置，测量电压值时，此旋钮应处校准位置。

⑥⑩Y 轴灵敏度开关，用于调节波形的幅度，其读数代表每一格的电压值。

⑪⊥：作为仪器的测量接地装置。

⑫微调：用以连续改变扫描速度的细调装置，顺时针方向旋足并接通开关时是"校准"位置，测量时间时此旋钮应处校准位置。

PULL×10：改变水平放大器的反馈电阻使水平放大器放大量提高 10 倍，相应地也使扫描速度及水平偏转灵敏度提高 10 倍。

⑬t/DIV 开关：为扫描速度开关，用于调节波形的疏密度，其读数代表 X 方向每一格对应的时间。

⑭外触发输入插座：外触发信号输入端。

⑮电平：调节触发点在信号上的位置，逆时针旋至锁定位置，触发点将自动处于被测波形的中心电平附近。

⑯X 位移：控制波形在荧光屏 X 方向的位置。

⑰触发方式选择开关。

+：测量正脉冲前沿或负脉冲后沿宜用"+"。

–：测量负脉冲前沿或正脉冲后沿宜用"–"。

内：内触发，触发信号来自 CH1 或 CH2 放大器。

外：外触发，触发信号来自外触发输入端。

⑱水平方式选择开关：选择扫描工作方式，置于"自动"，扫描处于自激状态；置于"触发"，则电路处于触发状态；置于"X-Y"，配合垂直方式开关，处于 X-Y 状态。一般工作时，置"自动"。

⑲㉑Y 位移：控制 CH$_1$、CH$_2$ 的波形在荧光屏 Y 方向的位置。

⑳垂直方式开关（通道选择），控制电子开关工作状态，可显示 CH$_1$、CH$_2$、交替（ALT）、断续（CHOP）、相加（ADD）5 种工作方式。

CH$_1$：单独显示 CH$_1$ 输入信号，内触发时，触发信号源按钮选择 CH$_1$。

CH$_2$：单独显示 CH$_2$ 输入信号，内触发时，触发信号源按钮选择 CH$_2$。

交替：两个信号交替显示，一般在信号频率较高时使用，因交替重复频率高，借助示波管的余辉，在屏幕上能同时显示两个信号。

断续：CH1 和 CH2 两个信号用打点的方法同时显示，一般在较低频率时使用，可避免两个信号不能同时显示的不足。

相加：使 CH$_1$ 信号与 CH$_2$ 信号相加，显示叠加后的信号。

㉒聚焦：调节聚集旋钮，可使扫描线细而清晰。

㉓辉度：控制荧光屏光迹的明暗程度，一般置中间位置，不可过亮。

㉔光迹旋转：调节此旋钮可使基线与水平坐标轴平行。

㉕校正信号输出：输出 1kHz，U_{pp}=0.2V 的方波，用以校正探头及检查垂直方向的灵敏度。

A.1.3　TDS1002 型数字式存储示波器

1．概述

TDS1002 型数字式存储示波器是一种小巧、轻便、便携式的可以用地电压为参考进行测量的双踪示波器。该示波器的频带宽度为 0～60MHz，每个通道都具有 1.0GS/s 的取样速率和 2500 点的记录长度，具有 5 项自动测量功能和光标读出功能，带温度补偿和可更换高分辨率和高对比度的液晶显示，具有对示波器进行测量设置和波形的存储/调出功能，并提供了方便的自动设置功能、波形的平均值和峰值检测功能。该示波器还具有视频触发功能，配备了 10 种语言的用户接口，由用户自选。面板图如附图 A.3 所示。

2．基本操作知识

TDS1002 型示波器的前面板分为若干功能区，显示区如附图 A.4 所示。除了显示波形以外，还包括许多有关波形和仪器控制设定值的细节。

① 显示图标表示采集模式。

∩∏取样模式；∩∏峰值检测模式；∏均值模式。

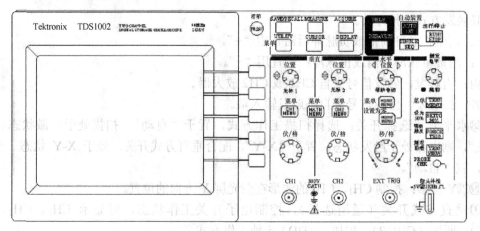

附图 A.3　TDS1002 型示波器的面板图

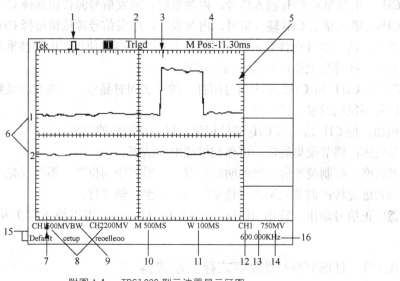

附图 A.4　TDS1002 型示波器显示区图

② 触发状态显示如下。

□在扫描模式下示波器连续采集并显示波形，或示波器正在采集预触发数据，在此状态下忽略所有触发。

Ｒ示波器已采集所有预触发数据并准备接受触发，或示波器处于自动模式并在无触发状态下采集波形。

■已触发，示波器已发现一个触发并正在采集触发后的数据。

●示波器已停止采集波形数据，或示波器已完成一个"单次序列"采集。

③ 使用标记显示水平触发位置，旋转"水平位置"旋钮调整标记位置。

④ 用读数显示中心刻度线的时间，触发时间为零。

⑤ 使用标记显示"边沿"脉冲宽度触发电平，或选定的视频线或场。

⑥ 使用屏幕标记表明显示波形的接地参考点。如没有标记，不会显示通道。

⑦ 箭头图标表示波形是反相的。

⑧ 以读数显示通道的垂直刻度系数。

⑨ BW 图标表示通道是带宽限制的。

⑩ 以读数显示主时基设置。

⑪ 如使用窗口时基，以读数显示窗口时基设置。

⑫ 以读数显示触发使用的触发源。

⑬ 显示区域中将暂时显示"帮助向导"信息。采用图标显示以下选定的触发类型：

∫ -上升沿的"边沿"触发；⌐ -下升沿的"边沿"触发。

∿ -行同步的"视频"触发；▬ -场同步的"视频"触发。

Π -"脉冲宽度"触发，正极性；U -"脉冲宽度"触发，负极性。

⑭ 用读数表示"边沿"脉冲宽度触发电平。

⑮ 显示区显示有用信息，有些信息仅显示 3 秒钟。如果调出某个存储的波形，读数就显示基准波形的信息，如 RefA1.00V 500µs。

⑯ 以读数显示触发频率。

3．菜单系统的使用

TDS1002 示波器的用户界面设计可使用户通过菜单结构简便地实现各项专门功能，按前面板的某一菜单按钮，则与之相应的菜单将显示在屏幕的右侧，菜单上方为菜单标题，菜单标题下可能有多达 5 个菜单项。使用每个菜单项右侧未标记的选项按钮可改变菜单设置。示波器使用下列 4 种方法显示菜单选项（见图 A.5）。

① 页（子菜单）选择：对于某些菜单，可使用顶端的选项按钮来选择两个或三个子菜单，每次按下顶端按钮时，选项都会随之改变。例如，按下"保存/调出"菜单内的顶端按钮，示波器将在"设置"和"波形"子菜单间进行切换。

② 循环列表：每次按下选项按钮时，示波器都会将参数设定为不同的值。例如，可按下"CH1"菜单按钮，然后按下顶端的选项按钮在"垂直（通道）耦合"各选项间切换。

③ 动作：示波器显示按下"动作选项"。

④ 单选按钮：示波器为每一选项使用不同的按钮，当前选择的选项被加亮显示。例如，当按下"采集菜单"按钮时，示波器会显示不同的采集模式选项，要选择某个选项时，可按下相应的按钮。

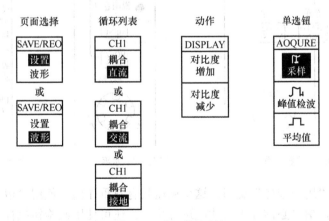

附图 A.5　使用菜单系统

4. 垂直控制系统

垂直控制系统如附图 A.6 所示。

① CH1、CH2 光标 1 及光标 2 位置。可垂直定位波形。当光标被打开且光标菜单被显示时，这些旋钮用来定位光标。

② 通道 1、通道 2 菜单。显示垂直菜单并打开或关闭通道波形显示，垂直菜单选项中一般需要选择输入耦合方式和探头衰减比例。

③ 伏特/格旋钮（通道 1、通道 2）选择标定的刻度系数，即显示屏上纵坐标每分格所表示的电压幅度，以便改变测量波形的显示幅度。

④ MATH 菜单。显示波形数学操作菜单并可用来打开或关闭数学波形。

5. 水平控制系统

水平控制系统如附图 A.7 所示。

① "水平位置" 旋钮：调整所有通道和数学波形的水平位置，这个控制钮的分辨率随时基设置的不同而改变。

② "水平菜单" 按钮：显示 "水平菜单"。

③ "设置为零" 按钮：将水平位置设置为零。

④ "秒/格" 旋钮（水平刻度）：用于改变水平刻度系数，以便放大或压缩波形，即为主时基或窗口时基选择水平刻度系数，显示屏上水平坐标每分格所表示的时间值。

6. 触发控制系统

触发控制系统如附图 A.8 所示。

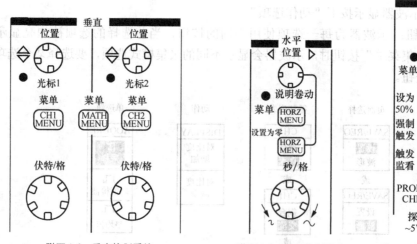

附图 A.6　垂直控制系统　　　附图 A.7　水平控制系统　　　附图 A.8　触发控制图

① "电平" 和 "用户选择" 旋钮：这个旋钮具有双重作用。使用 "边沿" 触发时，它可设定触发电平幅度，信号必需高于它才能进行采集。还可使用此旋钮执行 "用户选择" 的其他功能。旋钮下的 LED 发亮以指示相应功能。

② "触发菜单"按钮：显示"触发菜单"。

③ "设置为50%"按钮：触发电平设定在触发信号幅值的垂直中点。

④ "强制触发"按钮：不管触发信号是否适当，都完成采集。当采集停止时，则此按钮无效。

⑤ "触发视图"按钮：按住触发视图钮后，屏幕显示触发源波形，而不显示通道波形。该按钮可用来查看触发设置，如触发耦合等，对触发信号的影响。

7. 菜单和控制按钮

菜单和控制按钮如附图 A.9 所示。

① SAVE/RECALL（存储/调出）。显示"存储/调出"功能菜单，用于仪器设置或波形的存储/调出。

② MEASURE（测量）。显示自动测量功能菜单。

③ ACQUIRE（采集）。显示采集功能菜单。按此按钮来设定采集方式。

④ DISPLAY（显示）。显示功能菜单。按此按钮既可选择波形的显示方式和改变整个显示的对比度。

⑤ CURSOR（光标）。显示光标功能菜单。光标打开并且显示光标功能菜单时，垂直位置按钮调整光标位置，离开光标功能菜单后，光标仍保持显示（除非"类型"选项设置为"关闭"），但不能调整。

⑥ UTILITY（辅助功能）。显示辅助功能菜单。

⑦ AUTOSET（自动设定）。自动设定仪器各项控制值，以产生适宜观察的输入信号显示。

⑧ PRINT（硬拷贝）。启动打印操作。需要带有 Centronics，RS-232 或 GPIB 端口的扩展模块。

⑨ DEFAUL SETUP（默认设置）。调出厂家设置。

⑩ HELP（帮助）。显示"帮助菜单"。

⑪ SINGLE SEQ（单次序列）。采集单个波形，然后停止。

⑫ RUN/STOP（启动/停止）。连续采集波形或停止采集。

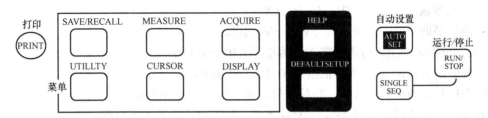

附图 A.9 菜单和控制按钮

8. 连接器

连接器如附图 A.10 所示。

① PROBE COMP（探头补偿器）。电压探头补偿的输出与接地，用来使探头与输入电路的匹配。探头补偿接地与 BNC 屏蔽连接到地并被当作接地端。

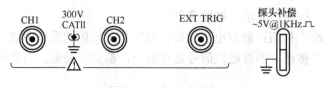

附图 A.10　探头连接器

② CH1（通道1）CH2（通道2）。通道波形的输入连接器。

③ EXT TRIG（外部触发）。外部触发源的输入连接器。使用触发功能菜单来选择触发源。

A.2　函数发生器

A.2.1　ＥＥ1641Ｄ型函数发生器

1．概述

EE1641D 型函数信号发生器/计数器是一种精密的测试仪器，具有连续信号、扫描信号、函数信号、脉冲信号等多种输出信号和外部测频功能，并具有功率输出功能，以满足带负载需要。另外还具有单脉冲输出功能。

2．技术参数

输出频率：0.2Hz～2MHz，按十进制分类，共分 7 挡。

输出阻抗：函数输出为 50Ω，TTL 同步输出为 600Ω。

输出信号波形：函数输出为正弦波、三角波、方波（对称或非对称输出）。

TTL 同步输出为脉冲波。

波形特征：正弦波失真度≤2%；三角波线性度≥90%；脉冲波上升沿时间≤100ns。

输出信号幅度。函数输出：不衰减（1Vp-p～10Vp-p），衰减 20dB（0.1Vp-p～1Vp-p），衰减 40dB（10 mVp-p～1 00mVp-p），衰减 60dB（1 mVp-p～1 0mVp-p）。

TTL 同步输出：U_L≤0.8V，U_H≥2.4 V。

直流电平调节范围：关或（-5V～+5V）10%；

"关"位置时输出信号所携带的直流电平<0V±0.1V；

负载电阻≥1MΩ 时，调节范围为（-10V～+10 V）。

输出信号类型：单频信号、扫频信号、调频信号（受外控）。

对称性调节范围：关或 25%～75%；"关"位置时输出波形为对称波型。

扫描方式：内扫描为线性/对数扫描方式；外扫描由 VCF 输入信号决定。

幅度显示：显示位数 3 位；显示单位 Vp-p 或 mVp-p；显示误差 20%±1 个字。

频率计：测量范围 0.2Hz～20MHz；频率稳定度 $5×10^{-5}$/d；输入阻抗 500kΩ/30pF；输入电压范围（衰减 0dB）50mV～2V（10Hz～20MHz），100mV～2V（0.2～10Hz）。

电源：（220±10%），V，（50±5%）Hz。

功耗：≤30VA。

3．面板功能说明

EE1641D 型函数信号发生器面板图如附图 A.11 所示。

① 频率显示窗口：显示输出信号的频率或外测频率信号的频率。

② 幅度显示窗口：显示函数输出信号的幅度。

③ 速率调节旋钮：调节此电位器可调节扫频输出的扫频范围。在外测频时，逆时针旋到底（绿灯亮），为外输入测量信号经过衰减"20dB"进入测量系统。

④ 扫描宽度调节旋钮：调节此电位器可以改变内扫描的时间长短。在外测频率时逆时针旋到（绿灯亮），为外输入测量信号经过低通开关进入测量系统。

⑤ 外部输入端：当"扫描/计数键（13）功能选择在外扫描状态或外测频功能时，外扫描控制信号或外测频信号由此输入。

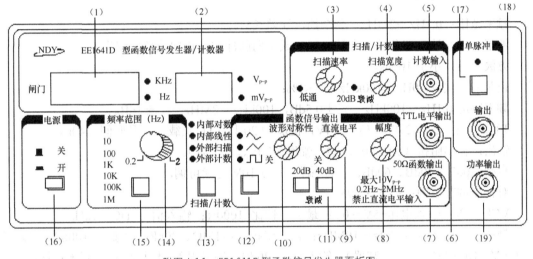

附图 A.11　EE1641D 型函数信号发生器面板图

⑥ TTL 信号输出端：输出标准的 TTL 脉冲信号，输出阻抗为 600Ω。

⑦ 函数信号输出端：输出多种波形受控的函数信号，输出幅度 20Vpp（1MΩ 负载），10Vpp（50Ω 负载）。

⑧ 函数信号输出幅度调节旋钮：调节范围 20dB。

⑨ 函数信号直流电平调节旋钮：调节范围-5V～+5V（50Ω 负载），当电位器处在中心位置时，则为 0 电平。

⑩ 波形对称性调节旋钮：调节此旋钮可改变输出信号的对称性。当电位器处在中心位置或"OFF"位置时，则输出对称波形。

⑪ 输出幅度衰减开关："20dB"、"40dB"键均不按下，输出信号不经衰减，直接输出到插座口。"20dB"、"40dB"键分别按下，则可选择 20dB 或 40dB 衰减，"20dB"、"40dB"键均按下，则衰减 60dB。

⑫ 函数输出波形选择按钮：可选择正弦波、三角波、脉冲波输出。

⑬ "扫描/计数"按钮：可选择多种扫描方式和外测频率方式。

⑭ 频率调节旋钮：调节此旋钮可改变输出信号的频率。

⑮ 频率范围选择按钮：按此按钮可改变输出信号的频段。

⑯ 整机电源开关：按下此键时，机内电源接通，整机工作。此键释放为关机。

A.2.2 DF1641A 型函数发生器

1. 概述

DF1641A 型函数发生器是一台具有高度稳定性、多功能性特点的信号发生器，能直接产生正弦波、三角波、方波、斜波、脉冲波，具有 VCF 输入控制功能，TTL 可与 OUTPUT 作同步输出，波形对称可调并具有反向输出，直流电平可连续调节，频率计可作内部频率显示，也可外测频率。

2. 主要技术指标

频率范围：0.1Hz～2MHz，分 7 挡，误差≤5%。

波形：正弦波、三角波、方波、正向或负向脉冲波、正向或负向锯齿波。

方波前沿：小于 100ns。

正弦波：失真 10Hz～100kHz　<1%；

频率响应 0.1Hz～100kHz　≤±0.5dB，100kHz～2MHz　≤±1dB。

TTL 输出：U_H≥2.4V，U_L≤0.4V，能驱动 20 只 TTL 负载，上升时间≤40ns。

输出：输出阻抗（50±10%）Ω；幅度≥20V_{p-p}（空载）。

衰减 20dB、40dB、60dB；直流偏置 0～±10V 连续可调。

对称度调节范围：95:5～5:95。

VCF 输入：输入电压-5V～0V；最大压控比 1000:1；输入信号 DC～1kHz。

频率计：测量范围 1Hz～10MHz；输入阻抗：≥1MΩ、20pF；灵敏度 100mV；最大输入 150V（DC+AC_p）（带衰减器）；输入衰减 20dB；测量误差 不大于 $3×10^{-5}±1$ 个字。

电源：（220±10%）V，（50±2）Hz。

功率：10VA。

3. 面板功能说明

面板图如附图 A.12 所示。

①电源开关：按下开关，电源接通，电源指示灯发亮。

②波形选择：输出波形选择，不按下则无输出。

③频率选择开关：与⑨、⑩配合选择工作频率，外测频率时选择闸门时间。

④、⑤频率单位指示：灯亮有效。

⑥闸门显示管：此灯闪烁，说明频率计在工作。

⑦频率溢出显示灯：当频率超过 6 个 LED 所显示范围时灯亮。

⑧数字 LED：显示频率。

⑨频率调节：与③配合选择工作频率。

⑩频率微调：微调工作频率。

⑪ 外测频率按键：按下此键，测量外接信号频率，不按下，作内部频率计使用。–20dB：

当外测信号幅度大于 10V 时，将此键按下，以确保频率计性能稳定。

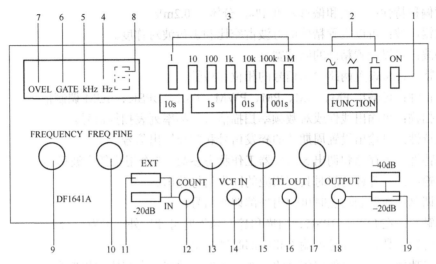

附图 A.12 DF1641A 型函数发生器面板图

⑫计数器输入：外测频率时，信号从此输入。

⑬斜波、脉冲波调节旋钮：拉出此旋钮，可以改变输出波形的对称性，产生斜波、脉冲波且占空比可调，将此旋钮推进则为对称波形。

⑭VCF 输入：外接电压控制频率输入端。

⑮直流偏置调节旋钮：接出此旋钮可设定任何波形的直流工作点，顺时针方向为正，逆时针方向为负，将此旋钮推进则直流电位为零。

⑯TTL 输出：输出波形为 TTL 脉冲。

⑰幅度调节旋钮，斜波倒置开关：与⑲配合，调节输出幅度大小；与⑬配合使用，拉出时波形反向。

⑱信号输出端：信号由此输出，输出阻抗为 50Ω。

⑲输出衰减：按下按钮可使输出信号衰减 20dB 或 40dB，同时按下时衰减 60dB。

A.2.3 TFG6920A 函数/任意波形发生器

1. 概述

TFG6900A 系列函数/任意波形发生器采用直接数字合成技术（DDS）、大规模集成电路（FPGA）、软核嵌入式系统（SOPC），具有优异的技术指标和强大的功能特性，能够快速地完成各种测量工作。大屏幕彩色液晶显示界面可以显示出波形图和多种工作参数，简单易用的键盘和旋钮更便于仪器的操作。

2. 主要特性

双通道输出：具有 A、B 两个独立的输出通道，两通道特性相同。

双通道操作：两通道频率、幅度和偏移可联动输入，两通道输出可叠加。

波形特性：具有 5 种标准波形、5 种用户波形和 50 种内置任意波形。

波形编辑：可使用键盘编辑或计算机波形编辑软件下载用户波形。

频率特性：频率精度 50ppm，分辨率 1μHz。

幅度偏移特性：幅度和偏移精度 1%，分辨率 0.2mV。

方波锯齿波：可以设置精确的方波占空比和锯齿波对称度。

脉冲波：可以设置精确的脉冲宽度。

相位特性：可设置两路输出信号的相位和极性。

调制特性：可输出 FM、AM、PM、PWM、FSK、BPSK、SUM 调制信号。

频率扫描：可输出线性或对数频率扫描信号，频率列表扫描信号。

猝发特性：可输出设置周期数的猝发信号和门控输出信号。

存储特性：可存储和调出 5 组仪器工作状态参数，5 个用户任意波形。

同步输出：在各种功能时具有相应的同步信号输出。

外部调制：在调制功能时可使用外部调制信号。

外部触发：在 FSK、BPSK、扫描和猝发功能时可使用外部触发信号。

外部时钟：具有外部时钟输入和内部时钟输出。

计数器功能：可测量外部信号的频率、周期、脉宽、占空比和周期数。

计算功能：可以选用频率值或周期值、幅度峰峰值、有效值或 dB 值。

操作方式：全部按键操作、彩色液晶显示屏、键盘设置或旋钮调节。

通讯接口：配置 RS232 接口、USB 设备接口，U 盘存储器接口。

高可靠性：大规模集成电路，表面贴装工艺，可靠性高，使用寿命长。

3．基本操作知识

（1）使用准备

接通电源：带有接地线的电源插座中，按下后面板上电源插座下面的电源总开关，仪器前面板上的电源按钮开始缓慢地闪烁，表示已经与电网连接，但此时仪器仍处于关闭状态。按下前面板上的电源按钮，电源接通，仪器进行初始化，装入上电设置参数，进入正常工作状态。输出连续的正弦波形，并显示出信号的各项工作参数。

（2）前后面板说明

① 前面板如附图 A.13 所示。

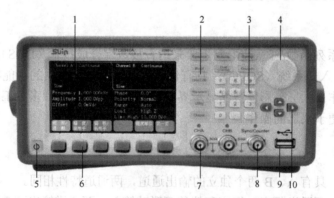

附图 A.13　TFG6920A 函数/任意波形发生器前面板图

1．显示屏；2．功能键；3．数字键；4．调节旋钮；5．电源按钮；6．单软键；7．CHA、CHB 输出；
8．同步输出/计数输入；9．U 盘插座；10．方向键

② 后面板如图 A.14 所示。

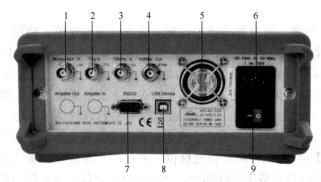

附图 A.14 TFG6920A 函数/任意波形发生器后面板图

1. 外调制输入；2. 外触发输入；3. 外时钟输入；4. 内时钟输出；5. 排风扇；6. 电源插座；
7. RS232 接口；8. USB 接口；9. 电源总开关

（3）键盘显示

本仪器共有 32 个按键，26 个按键有固定的含义，用符号【】表示。其中 10 个大按键用作功能选择，小键盘 12 个键用作数据输入，2 个箭头键【＜】【＞】用于左右移动旋钮调节的光标。2 个箭头键【∧】【∨】用作频率和幅度的步进操作。显示屏的下边还有 6 个空白键，称为操作软键，用符号〖〗表示，其含义随着操作菜单的不同而变化。键盘说明如下。

【0】【1】【2】【3】【4】【5】【6】【7】【8】【9】键：数字输入键。

【.】键：小数点输入键。

【-】键：负号输入键，在输入数据允许负值时输入负号，其他时候无效。

【＜】键：白色光标位左移键，数字输入过程中的退格删除键。

【＞】键：白色光标位右移键。

【∧】键：频率和幅度步进增加键。

【∨】键：频率和幅度步进减少键。

【Continuous】键：选择连续模式。

【Modulate】键：选择调制模式。

【Sweep】键：选择扫描模式。

【Burst】键：选择猝发模式。

【Dual Channel】键：选择双通道操作模式。

【Counter】键：选择计数器模式

【CHA/CHB】键：通道选择键。

【Waveform】键：波形选择键。

【Utility】键：通用设置键。

【Output】键：输出端口开关键。

〖 〗〖 〗〖 〗〖 〗〖 〗〖 〗空白键：操作软键，用于菜单和单位选择。

仪器的显示屏分为四个部分，左上部为 A 通道的输出波形示意图和输出模式、波形和负载设置，右上部为 B 通道的输出波形示意图和输出模式、波形和负载设置。显示屏的中部显示频率、幅度、偏移等工作参数，显示屏的下部为操作菜单和数据单位显示。

（4）数据输入

① 键盘输入：如果一项参数被选中，则参数值会变为绿色，使用数字键、小数点键和负号键可以输入数据。在输入过程中如果有错，在按单位键之前，可以按【＜】键退格删除。数据输入完成以后，必须按单位键作为结束，输入数据才能生效。如果输入数字后又不想让其生效，可以按单位菜单中的〖Cancel〗软键，本次数据输入操作即被取消。

② 旋钮调节：在实际应用中，有时需要对信号进行连续调节，这时可以使用数字调节旋钮。当一项参数被选中，除了参数值会变为绿色外，还有一个数字会变为白色，称作光标位。按移位键【＜】或【＞】，可以使光标位左右移动，面板上的旋钮为数字调节旋钮，向右转动旋钮，可使光标位的数字连续加一，并能向高位进位。向左转动旋钮，可使光标指示位的数字连续减一，并能向高位借位。使用旋钮输入数据时，数字改变后即刻生效，不用再按单位键。光标位向左移动，可以对数据进行粗调，向右移动则可以进行细调。

③ 步进输入：如果需要一组等间隔的数据，可以使用步进键输入。在连续输出模式菜单中，按〖电平限制/步进〗软键，如果选中 Step Freq 参数，可以设置频率步进值，如果选中 Step Ampl 参数，可以设置幅度步进值。步进值设置之后，当选中频率或幅度参数时，每按一次【∧】键，可以使频率或幅度增加一个步进值，每按一次【∨】键，可使频率或幅度减少一个步进值，而且数据改变后即刻生效，不用再按单位键。

④ 输入方式选择：对于已知的数据，使用数字键输入最为方便，而且不管数据变化多大都能一次到位，没有中间过渡性数据产生。对于已经输入的数据进行局部修改，或者需要输入连续变化的数据进行观测时，使用调节旋钮最为方便。对于一系列等间隔数据的输入，则使用步进键更加快速准确。操作者可以根据不同的应用要求灵活选择。

（5）基本操作

① 通道选择：按【CHA/CHB】键可以循环选择两个通道，被选中的通道，其通道名称、工作模式、输出波形和负载设置的字符变为绿色显示。使用菜单可以设置该通道的波形和参数，按【Output】键可以循环开通或关闭该通道的输出信号。

② 波形选择：按【Waveform】键，显示出波形菜单，按〖第 x 页〗软键，可以循环显示出 15 页 60 种波形。按菜单软键选中一种波形，波形名称会随之改变，在"连续"模式下，可以显示出波形示意图。按〖返回〗软键，恢复到当前菜单。

③ 占空比设置：如果选择了方波，要将方波占空比设置为 20%，可按下列步骤操作。先按〖占空比〗软键，占空比参数变为绿色显示，再按数字键【2】【0】输入参数值，按〖%〗软键，绿色参数显示 20%，也可以使用旋钮和【＜】【＞】键连续调节输出波形的占空比。

④ 频率设置：如果要将频率设置为 2.5kHz，可按下列步骤操作：先按〖频率/周期〗软键，频率参数变为绿色显示，再按数字键【2】【·】【5】输入参数值，按〖kHz〗软键，绿色参数显示为 2.500 000kHz，也可以使用旋钮和【＜】【＞】键连续调节输出波形的频率。

⑤ 幅度设置：如果要将幅度设置为 1.6Vrms，可先按〖幅度/高电平〗软键，幅度参数变为绿色显示，再按数字键【1】【·】【6】输入参数值，按〖Vrms〗软键，绿色参数显示为 1.600 0Vrms，也可以使用旋钮和【＜】【＞】键连续调节输出波形的幅度。

⑥ 偏移设置：如果要将直流偏移设置为-25mVdc，可按下列步骤操作：先按〖偏移/低

电平〗软键，偏移参数变为绿色显示，再按数字键【-】【2】【5】输入参数值，按〖mVdc〗软键，绿色参数显示为-25.0mVdc（3）. 仪器按照设置的偏移参数输出波形的直流偏移，也可以使用旋钮和【＜】【＞】键连续调节输出波形的直流偏移。

⑦ 存储和调出：如果要将仪器的工作状态存储起来，可先按【Utility】键，显示出通用操作菜单，再按〖状态存储〗软键，存储参数变为绿色显示。按〖用户状态 0〗软键，将当前的工作状态参数存储到相应的存储区，存储完成后显示出 Stored。按〖状态调出〗软键，调出参数变为绿色显示。按〖用户状态 0〗软键，将相应存储区的工作状态参数调出，并按照调出的工作状态参数进行工作。

⑧ 计数器：如果要测量一个外部信号的频率，可按【Counter】键，进入计数器工作模式，显示出波形示意图，同时显示出计数器菜单。在仪器前面板的《Sync/Counter》端口输入被测信号后，按〖频率测量〗软键，频率参数变为绿色显示。仪器测量并显示出被测信号的频率值。如果输入信号为方波，按〖占空比〗软键，仪器测量并显示出被测信号的占空比值。

A.3 交流毫伏表

1．概述

交流毫伏表用于测量正弦交流电压，内部电路结构主要有检波-放大式和放大-检波式两种。DA-16 型晶体管交流毫伏表采用放大-检波式，具有较高的灵敏度和稳定度，检波置于最后，使之在大信号检波时产生良好的指示线性，除此之外，由于前置电路采用两个串接的低噪声晶体管组成射极输出电路，从而获得了低噪声电平及高输入电阻，同时使用负反馈，有效地提高了仪器的频率响应、指示线性与温度稳定性。

2．主要技术指标

① 测量电压范围：0.1mV～300V，电表刻度指示为正弦有效值。

量程分为：1、3、10、30、100、300mV 和 1、3、10、30、300V 共 11 挡。

② 测量电平范围：-72dB～32dB（600Ω）。

③ 频率范围：20Hz～1MHz。

④ 固有误差：≤±3%（在基准频率 1kHz）。

⑤ 频率响应误差：100Hz～100kHz ≤±3%；20Hz～1MHz ≤5%。

⑥ 工作误差极限：≤±8%。

⑦ 输入阻抗：在 1kHz 时，输入电阻为 1MΩ；输入电容：1mV～0.3V 各挡约为70pF；1～300V 各挡约为 50pF。

3．面板结构及说明

面板结构如附图 A.15 所示。

测量电压时，量程在 1mV、10mV、0.1V、1V、10V 时，读第一排读数 0～10，量程在3mV、30mV、0.3V、3V、30V、300V 时读第二排读数 0～3。

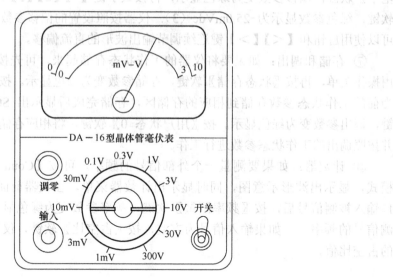

附图 A.15　DA−16型晶体管毫伏表面板结构图

4. 使用注意事项

① 接通电源，待电表指针摆动数次稳定后（输入端短接），校正调零旋钮，使指针在零位置，然后进行测量，改变量程后要重新调零。

② 测量时若不知被测电压大小，应将量程置于较大的挡，接入信号后，再将量程置于合适的挡进行测读。

③ 所测交流电压中的直流分量不得大于 300V。

④ 如用毫伏表测量市电，应注意机壳带电，防止触电。

⑤ 由于本仪表灵敏度高，必须正确地选择接地点，否则会造成较大的误差。

A.4　可跟踪直流稳定电源

1. 概述

SS3323 型可跟踪直流稳定电源是稳压、稳流连续可调，稳压及稳流两种方式可随负载的变化自动切换的直流电源，两路输出可自动实现串、并联工作，使输出的电压和电流达到额定的两倍；具有双数字电表显示电压和电流值；具有过载和反向极性保护功能；能输出两路 0～32V、3A 和一路 3～6V、3A 的低纹波、低噪声直流电。

2. 主要技术指标

稳压（CV）：≤0.01%+5mV（空载），≤0.01%+5mV（有载）。

稳流（CC）：≤1%+3mA（空载），≤1%+5mA（有载）。

5V/3A 输出：稳压 1%。

指示准确度：≤1%+2 字（数显），≤2.5%满度电压/电流（指针）。

温度系数（/°C）：稳压≤0.05%+0.5mV；稳流≤0.5%+5mA。

漂移：稳压≤0.1%+2mV，稳流≤0.1%+10mA。

输出电阻：≤60mΩ。

平均无故障工作时间：≥3000h。

效率：≥55%。

3. 面板使用说明

S3323 型可跟踪直流稳压电源面板如附图 A.16 所示。

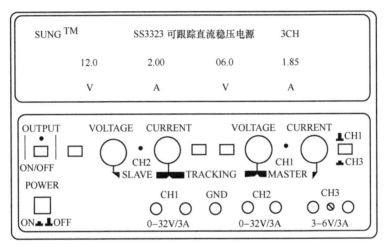

附图 A.16　S3323 可跟踪直流稳压电源面板图

① OUTPUT 开关：打开或关闭输出。电源通电后，先放开此键，关闭输出，调节好电压/电流、连接好电路后，按下此键，打开输出。

② 电源作电压源使用时，输出端不能短路，电流控制旋钮（CURRENT）可旋至较大位置以保证有足够的输出功率；电源作电流源使用时，输出端不能开路，电压控制旋钮（VOLTAGE）可旋至较大位置。

③ CH2/CH2 显示转换开关：用于选择显示 CH1 或 CH2 两路的输出电压。

④ TRACKING：两个键可选择 INDEP（独立）、SERIES（串联）或 PARALLEL（并联）的跟踪模式。

a. 当两个按键都未按下时，电源工作在独立模式。CH1 和 CH2 输出完全独立。

b. 按下左键，不按下右键时，电源工作在串联跟踪模式。CH1 输出端子的负端与 CH2 的输出端子的正端自动连接，此时 CH1 和 CH2 的输出电压和输出电流完全由主路（MASTER）调节旋钮控制，电源输出电压为 CH1 和 CH2 两路输出电压之和。显示电压即为 CH1 和 CH2 两路输出电压读数之和。

此时如只需单电源供电，则将导线一条接到 CH2 的负极，另一条接 CH1 的正极，两端可以得到 2 倍于主控输出电压显示值的电压。

如想得到一组共地的正负对称直流电源，则可将 CH1 输出负端当作共地点，则 CH1 输出端正极对共地点可得到正电压（CH1 表头显示值）及正电流（CH1 表头显示值），而 CH2 输出负极对共地点得到与 CH1 输出电压值相同的负电压，即所谓跟踪式串联电压。

c．两键同时按下时，电源工作在并联跟踪模式。CH1 输出端子与 CH2 输出端子自动并联，输出电压与输出电流完全由主路 CH1 控制，电源输出电流为 CH1 与 CH2 两路之和。显示电流即为 CH1 和 CH2 两路输出电流读数之和。

⑤ CH3 输出。此输出端可提供 3～6V 直流电压及 3A 输出电流。用起子旋转旋扭即可调节输出电压。一般作 5V 的固定输出用。

附录 **B** 半导体器件简编

B.1 常用半导体分立元件

1．半导体二极管

（1）常用锗检波二极管主要参数表

型号	最大整流电流（mA）	最高反向电压（V）	反向击穿电压（V）	最高工作频率（MHz）	型号	最大整流电流（mA）	最高反向电压（V）	反向击穿电压（V）	最高工作频率（MHz）
2AP1	16	20	40		2AP14	30	30	30	
2AP2	16	30	45		2AP15	30	30	30	40
2AP3	25	30	45		2AP16	20	50	50	
2AP4	16	50	75		2AP17	15	100	100	
2AP5	16	75	110	150	2AP21	50	10		
2AP6	12	100	150		2AP22	16	30		
2AP7	12	100	150		2AP23	25	40		
2AP8	35	10	20		2AP24	16	50		100
2AP9	5	10	20		2AP25	16	60		
2AP10	5	30	40	100	2AP26	16	100		
2AP11	25	10	10	40	2AP27	8	150		
2AP12	40	10	10		2AP28	16	100		

（2）常用硅整流二极管主要参数表

型号	最大整流电流（mA）	最高反向电压（V）	正向压降（V）	反向电流（μA）	型号	最大整流电流（mA）	最高反向电压（V）	正向压降（V）	反向电流（μA）
IN4001		50			2CZ53A		25		
IN4002	1000	100	≤1.1	5	2CZ53B	300	50	≤1.0	5
IN4003		200			⋯		⋯		

续表

型号	最大整流电流（mA）	最高反向电压（V）	正向压降（V）	反向电流（μA）	型号	最大整流电流（mA）	最高反向电压（V）	正向压降（V）	反向电流（μA）
IN4004	1000	400	≤1.1	5	2CZ53K	300	800	≤1.0	5
IN4005		600			2CZ53N		1200		
IN4006		800			2CZ54B	500	50	≤1.0	10
IN4007		1000			…		…		
2CZ52B	100	50	≤1.0		2CZ54M		1000		
2CZ52C		100			2CZ55B	1000	50	≤1.0	10
2CZ52D		200			…		…		
2CZ52E		300			2CZ55M		1000		
2CZ52F		400			2CZ56A	3000	25	≤0.8	20
2CZ52G		500			…				
2CZ52H		600			2CZ56L		900		
2CZ52K		800			2CZ56M		1000		

（3）常用硅稳压二极管主要参数表

型号	稳定电压（V）	最大工作电流（mA）	最大耗散功率（mW）	型号	稳定电压（V）	最大工作电流（mA）	最大耗散功率（mW）
2CW50	1～2.8	100		2CW74	9～10.5	26	250
2CW51	2.5～3.5	71		2CW75	10～12	23	
2CW52	3.2～4.5	55		2CW76	11.5～12.5	20	
2CW53	4～5.8	45		2CW77	12～14	18	
2CW54	5.5～6.8	38		2CW102	3.2～4.5	220	
2CW55	6.2～7.5	33		2CW103	4～5.5	180	
2CW56	7～8.8	29		2CW104	5～6.5	150	
2CW57	8.5～9.5	26		2CW105	6～7.5	130	
2CW58	9.2～10.5	23	250	2CW106	7～8.5	115	
2CW59	10～11.8	20		2CW107	8～9.5	105	
2CW60	11.5～12.5	19		2CW108	9～10.5	95	1000
2CW61	12.2～14	16		2CW109	10～12	80	
2CW62	13.5～17	15		2CW110	11.5～12.5	70	
2CW63	16.5～20.5	12		2CW116	23～26	38	
2CW65	20～24.5	10		2DW6C	15	70	
2CW72	7～8.5	33		2DW51	42～55	18	
2CW73	8.5～9.5	29		2DW60	135～155	6	

（4）常用发光二极管主要参数表

型号	发光颜色	最大工作电流（mA）	正向压降（V）	正常工作电流（mA）
HG5200 型砷化镓二极管	红外	3（A）	1.6～1.8	3（A）
HG400 型砷化镓二极管	红外	50	1.2	30
磷化镓红光二极管	红	50	2.3	10
磷砷化镓发光二极管	红	50	1.5	10
碳化硅发光二极管	黄	50	6	10
磷化镓绿光二极管	绿	50	2.3	10
砷化镓发光二极管	红	50	1.2	30

2．半导体三极管

（1）常用双极型三极管主要参数表

类别	参数 型号	直流参数			交流参数	极限参数		
		I_{CBO}（μA）	I_{CEO}（μA）	h_{FE}	f_T（MHz）	I_{CM}（mA）	P_{CM}（mW）	$U_{(BR)CEO}$（V）
低频小功率管	3AX31M	≤25	≤1000	80～400		125	125	6
	3AX31A	≤20	≤800	40～180		125	125	12
	3AX31F	≤12	≤600	40～180		125	30	12
	3AX51A	≤12	≤500	40～150		100	100	12
	3AX55M	≤80	≤1200	30～150		500	500	12
	3AX55A	≤80	≤1200	30～150		500	500	20
	3AX81A	≤30	≤1000	40～270		200	200	10
	3AX81B	≤15	≤700	40～270		200	200	15
	3AX85A	≤50	≤1200	40～180		500	300	12
	3AX85B	≤50	≤900	40～180		500	300	18
	3BX31M	≤25	≤1000	80～400		125	125	6
	3BX31A	≤20	≤800	40～180		125	125	12
	3BX81A	≤30	≤1000	40～270		200	200	10
	3BX55A	≤80	≤1200	30～180		500	500	20
	3BX85A	≤50	≤1200	40～180		500	300	12
	3CX200A	≤1	≤2	55～400		300	300	12
	3CX204A	≤5	≤20	55～400		700	700	15
	3DX200A	≤1	≤2	55～400		300	300	12
	3DX204A	≤5	≤20	55～400		700	700	15

续表

类别	型号\参数	直流参数			交流参数	极限参数		
		I_{CBO} （μA）	I_{CEO} （μA）	h_{FE}	f_T （MHz）	I_{CM} （mA）	P_{CM} （mW）	$U_{(BR)CEO}$ （V）
高频小功率管	3AG53A	≤5	≤200	30～200	≥30	10	50	15
	3AG53E	≤5	≤200	30～200	≥300	10	50	15
	3AG54A	≤5	≤300	40～180	≥30	30	100	15
	3AG55A	≤8	≤500	40～180	≥100	50	150	15
	3AG80A	≤5	≤50	20～150	≥300	10	50	12
	3AG87A	≤5	≤50	20～150	≥300	50	300	15
	3CG100B	≤0.1	≤0.1	≥25	≥100	30	100	25
	3CG110B	≤0.1	≤0.1	≥25	≥100	50	300	30
	3CG120B	≤0.1	≤0.1	≥25	≥200	100	500	30
	3CG130B	≤0.5	≤1	≥25	≥80	300	700	30
	3DG81A	≤0.1	≤0.1	≥30	≥1000	30	300	≥15
	3DG100A	≤0.1	≤0.1	≥30	≥150	20	100	≥20
	3DG130A	≤0.5	≤1	≥30	≥150	300	700	≥30
高频高压小功率管	3DG161A	≤0.1	≤0.1	≥20	≥50	20	300	≥60
	3DG161G	≤0.1	≤0.1	≥20	≥50	20	300	≥300
	3DG161H	≤0.1	≤0.1	≥20	≥100	20	300	≥60
	3DG161N	≤0.1	≤0.1	≥20	≥100	20	300	≥300
开关管	3AK12	≤5	≤100	30～150	50～70	60	120	≥120
	3AK14	≤5	≤100	30～150	120～200	60	120	≥15
	3CK9A	≤10	≤20	≥30	≥150	700	700	≥4
	3CK10A	≤10	≤20	≥25	≥150	1000	1000	≥4
	3DK2A	≤0.1	≤0.1	≥20	≥150	30	200	≥20
	3DK3B	≤0.1	≤0.1	≥20	≥300	30	100	≥9
	3DK8A	≤5	≤10	≥20	≥150	600	500	≥10
低频大功率管	3AD50A	≤0.3	≤2.5	20～140	$f_β$: 4kHz	3A	10W	18
	3AD52A	≤0.2	≤2.5	20～140	$f_β$: 4kHz	2A	10W	18
	3AD53A	≤0.5	≤12	20～140	$f_β$: 2kHz	6A	20W	12
	3AD57C	≤1.2	≤20	20～140	$f_β$: 3kHz	30A	100W	60
	3DD51A	≤0.4		≥10		1A	1W	≥30
	3DD63A		≤2	≥10		7.5A	50W	≥3
	3DD103E	≤0.1		≥20		3A	50W	≥800

（2）常用塑封硅高频管主要参数表

型号	极性	f_T（MHz）	P_{CM}（mW）	$U_{(BR)CEO}$（V）	I_{CM}（mA）	β
9011	NPN	150	400	30	300	54～198
9012	PNP	150	625	20	500	64～202
9013	NPN	150	625	20	500	64～202
9014	NPN	150	450	45	100	60～1000
9015	PNP	100	450	45	100	60～600
9016	NPN	500	400	20	25	55～200
9018	NPN	700	400	15	50	40～200

（3）常用 3DJ 型场效应管主要参数表

型号		饱和漏源电流 $I_{DS(sat)}$（mA）	夹断电压 $U_{GS(off)}$（V）	漏源绝缘电阻 r_{GS}（Ω）	正向跨导 gm（μS）	最高振荡频率 f_M（MHz）	输入电容 C_{isg}（pF）	低频噪声 N_{FL}（dB）
3DJ2	D	<0.35	<|-9|	≥10^8	>2000	≥300	≤3	≤5
	E	0.3～1.2						
	F	1～3.5						
	G	3～6.5						
	H	6～10						
3DJ4	D … H	同上	<|-9|	≥10^9	>2000	>300	≤3	≤30
3DJ6	D … H	同上	<|-9|	≥10^8	>1000	≥30	<5	≤5
3DJ7	D	<0.35	<|-9|	≥10^8	>3000	≥90	≤6	
	E	<1.2						
	F	1～3.5						
	G	3～11						
	H	10～18						
	I	17～25						
	J	24～35						
3DJ8	F	1～3.5	<|-9|	≥10^7	>6000	≥90	≤8	≤5
	G	3～11						
	H	10～18						
	I	17～25						
	J	24～35						
	K	35～70						

续表

型号		饱和漏源电流 $I_{DS(sat)}$ （mA）	夹断电压 $U_{GS(off)}$ （V）	漏源绝缘电阻 r_{GS} （Ω）	正向跨导 gm （μS）	最高振荡频率 f_M （MHz）	输入电容 C_{isg} （pF）	低频噪声 N_{FL} （dB）
3DJ9	F	1～3.5	<｜-7｜	≥10⁷	>4000	≥800	≤2.8	
	G	3～6.5						
	H	6～11						
	J	10～18						

注：（1）表中各管的最大耗散功率 P_{DSM}=100mW、最大漏源电压 $U_{(BR)DS}$>20V、最大栅源电压 $U_{(BR)GS}$>20V；

（2）常用的 3DJ6 引脚如附图 B.1 所示。

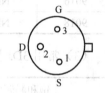

附图 B.1　3DJ6 引脚

B.2　常用模拟集成电路

1．集成运算放大器

（1）几种集成运算放大器的主要参数表

品种类型		通用		低功耗	高阻	高速	高压	大功率	宽带	高精度
参数名称及单位	国内外型号	CF709 （μA709）	CF741 （μA741）	F253	F3140 （CA3140）	F715 （μA715）	BG315	FX0021 （LH0021）	F507	CF725 （μA725）
开环差模电压增益 A_{U0}	dB	93	106	110	100	90	≥90	106	103	130
最大输出电压 U_{omax}	V	±13	±14	±13.5	+13 -14.4	±13	≥40～64	±12	±12	±13.5
最大共模输入电压 U_{icmax}	V	±10	±13	±15	+12.5 -14.5	±12	≥40～64		±11	±14
最大差模输入电压 U_{idmax}	V	±5.0	±30	±30	±8				±12	±5
差模输入电阻 R_{id}	kΩ	400	2000	6000	150×10⁷	1000	500	1000	300×10³	1.5×10³
输出电阻 R_0	Ω		75			75	500			
共模抑制比 K_{CMR}	dB	90	90	100	90	92	≥80	90	100	120
输入失调电压 U_{IO}	mV	1.0	1.0	1.0	5	2	≤10	1	1.5	0.5
输入失调电流 I_{IO}	nA	50	20	4	5.0×10⁻⁴	70	≤200	30	15	2.0
失调电压温漂 $\Delta U_{IO}/\Delta T$	μV/℃	3.0		3	8		10	3	8	2.0

续表

品种类型		通用		低功耗	高阻	高速	高压	大功率	宽带	高精度
	国内外型号 参数名称及单位	CF709 (μA709)	CF741 (μA741)	F253	F3140 (CA3140)	F715 (μA715)	BG315	FX0021 (LH0021)	F507	CF725 (μA725)
失调电流温漂 $\Delta I_{I0}/\Delta T$	nA/℃						0.5	0.1	0.2	35×10⁻³
开环带宽 BW	Hz		10						35	
转换速率 S_R	V/μs		0.5		9	70	2		35	
电源电压 $-U_{EE}+U_{CC}$	V	±15	±15	±15	±15	±15	48~72	+12, -10	±15	±15
静态功耗 P_C	mW	80	50	0.6	120	165		75		80

注：（1）表中括号内型号为国外类似型号；

（2）BG315 电源电压是指 $+U_{CC}\sim-U_{EE}$ 的端间电压范围（48~72V）。

（2）几种集成运算放大器的管脚图（见附图 B.2）

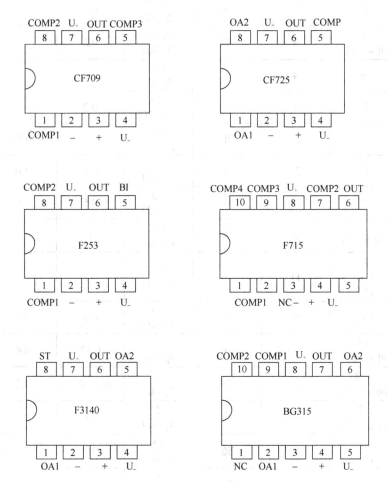

附图 B.2　集成运放管脚图

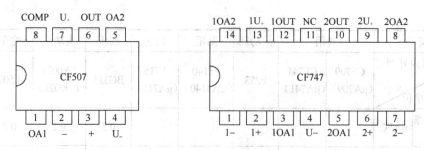

附图 B.2　集成运放管脚图（续）

符号说明：U+：正电源；U⊥：负电源；OA：调零；COMP：补偿；BI：偏置；ST：选通；NC：空脚；+：同相输入；−：反相输入；OUT：输出。

2. 集成功率放大器

（1）几种集成功率放大器的主要参数

型号	电源电压（V）	静态电流（mA）	开环电压增益（dB）	输出功率（W）	谐波失真度（%）	输出噪声电压（mV）	输入电阻
LM380	18	7	50	$\geqslant 2.5$ $R_L=8\Omega$	0.2		150kΩ
LM386N-1	6（可 4～12）	4	46	0.325 $R_L=8\Omega$	0.2		50kΩ
LM386N-3	9	4	46	0.7 $R_L=8\Omega$	0.2		50kΩ
LM386N-4	16	4	46	1.0 $R_L=32\Omega$	0.2		50kΩ
CD4100	6	25	70	0.6 $R_L=8\Omega$	0.5	1.0	20kΩ
CD4101	7.5	25	70	0.9 $R_L=8\Omega$	0.5	1.0	20kΩ
CD4102	9	25	70	1.3 $R_L=8\Omega$	0.5	1.0	20kΩ
D7331	3（可 2～5）	3	50	0.12 $R_L=8\Omega$	1	0.2	
D4140	6（可 3.5～12）	11	50	0.5 $R_L=8\Omega$	0.3	0.4	50kΩ
TB4420	13.2	50	50	5.5 $R_L=4\Omega$	0.3	0.6	20kΩ
TDA2003	14（可 6～20）	50～100	80	6 $R_L=4\Omega$	0.12	0.4	70kΩ
TDA2006	±12（可 ±6～±15）	40	75	8 $R_L=8\Omega$	0.1～0.2	0.2	5MΩ
XG1263C2	12（可 3～13）	10	44	2 $R_L=8\Omega$	0.8	0.6	5MΩ
XG4505	15（可 6～24）	20	50	8.5 $R_L=3\Omega$	0.3	0.4～0.6	30MΩ
D7114	6	15	70	1 $R_L=4\Omega$	0.5	1	20MΩ

（2）常用集成功率放大器的管脚图与应用电路（见附图 B.3～附图 B.5）

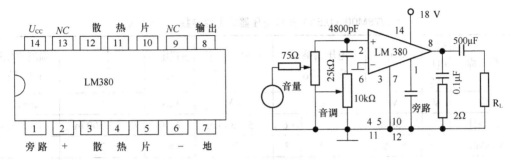

附图 B.3　LM380 管脚图及应用电路

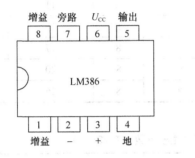

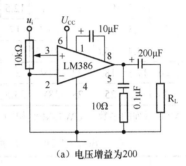

（a）电压增益为200

附图 B.4　LM386 管脚图及应用电路

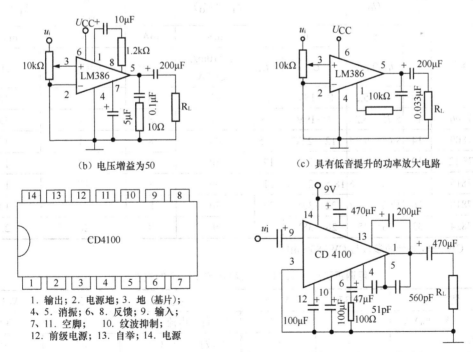

（b）电压增益为50

（c）具有低音提升的功率放大电路

1. 输出；2. 电源地；3. 地（基片）；
4、5. 消振；6、8. 反馈；9. 输入；
7、11. 空脚；　10. 纹波抑制；
12. 前级电源；13. 自举；14. 电源

附图 B.5　CD4100 管脚图及应用电路

3. 三端集成稳压器

CW78M00（0.5A）集成稳压器的主要参数（$T_A=25℃$）

参数名称	输入电压 U_I	输出电压 U_O	电压调整率 S_U（ΔU_O）		电流调整率 S_I（ΔU_O）	偏置电流 I_d	最小输入电压 U_{imin}	温度变化率 S_T（ΔU_O）
单位	V	V	mV		mV	mA	V	mV/℃
测试条件		I_O=200mA	U_I	ΔU_O	I_O=5~500 mA	I_O=0	I_O=5~500 mA	I_O=5 mA
CW78M05	10	4.8~5.2	8~18V	7	20	8	7	1.0
CW78M06	11	5.75~6.25	9~19V	8.5	25	8	8	1.0
CW78M09	14	8.65~9.35	12~22V	12.5	40	8	11	1.2
CW78M12	19	11.5~12.5	15~25V	17	50	8	14	1.2
CW78M15	23	14.4~15.6	18.5~28.5V	21	60	8	17	1.5
CW78M18	26	17.3~18.7	22~32V	25	70	8	20	1.8
CW78M24	33	23~25	28~38V	33.5	100	8	26	2.4

注：CW79M00 系列的参数与 CW78M00 相同。

CW7800（1.5A）集成稳压器的主要参数（$T_A=25℃$）

参数名称	输入电压 U_I	输出电压 U_O	电压调整率 S_U（ΔU_O）		电流调整率 S_I（ΔU_O）	偏置电流 I_d	最小输入电压 U_{imin}	温度变化率 S_T（ΔU_O）
单位	V	V	mV		mV	mA	V	mV/℃
测试条件		I_O=0.5A	U_I	ΔU_O	I_O≥10mA ≤1.5A	I_O=0	I_O=1.5A	I_O=50 mA
CW7805	10	4.8~5.2	8~18V	7	25	8	7	1.0
CW7806	11	5.75~6.25	9~19V	8.5	30	8	8	1.0
CW7809	14	8.65~9.35	12~22V	12.5	40	8	11	1.2
CW78 12	19	11.5~12.5	15~25V	17	50	8	14	1.2
CW7815	23	14.4~15.6	18.5~28.5V	21	60	8	17	1.5
CW7818	26	17.3~18.7	22~32V	25	70	8	20	1.8
CW7824	33	23~25	28~38V	33.5	9	8	26	2.4

注：CW7900 系列的参数与 CW7800 相同。

可调正稳压器 W317 和负稳压器 W337 的主要性能

型号	W337	W317	型号	W337	W317
电压调整率（%）V	0.01	0.01	最小负载电流（mA）	2.5	3.5
负载调整率（mV）	15	5	纹波抑制比（dB）	60	65
调节端电流（μA）	65	50	限制电流（A）	2.2	2.2
基准电压（V）	-1.25	+1.25			

W317 和 W337 的典型应用电路如附图 B.6 所示。

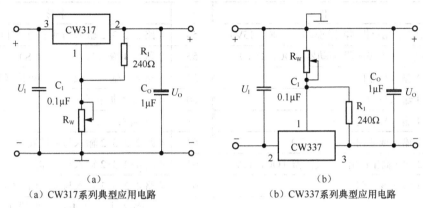

（a）CW317 系列典型应用电路　　　　（b）CW337 系列典型应用电路

附图 B.6　可调式三端稳压器的应用电路

CW78T00 系列（3A）集成稳压器的主要参数（T_i=25℃）

参数名称	符号	测试条件	单位	CW78T05	CW78T12	CW78T18	CW78T24
输出电压	U_O	I_O=1A	V	4.8～5.2	11.5～12.6	17.3～18.7	23～25
电压调整率	S_U (ΔU_O)	I_O=1A	mV	7 U_I=8～18V	17 U_I=15～25V	25 U_I=22～32V	33.5 U_I=28～38V
电流调整率	S_I (ΔU_O)	I_O=0.1～3A	mV	20	40	20	80
温度变化率	S_T (ΔU_O)	I_O=5mA T_{iL}～T_{iH}	mV/℃	1.0	1.2	1.8	2.4
偏置电流	I_d	I_O=1A	mA	8	8	8	8
最小输入电压	U_{min}		V	7.5	14.5	20.5	26.5

B.3　数字集成电路

1. TTL 集成电路检索表

序号	名称	序号	名称
00	四 2 输入与非门	08	四 2 输入与门
01	四 2 输入与非门（OC）	09	四 2 输入与门（OC）
02	四 2 输入或非门	10	三 3 输入与非门
03	四 2 输入与非门（OC）	11	三 3 输入与门
04	六反相器	12	三 3 输入与非门（OC）
05	六反相器（OC）	13	双 4 输入与非门（有施密特触发器）
06	六高压输出反相缓冲器/驱动器（OC，30V）	14	六反相器（有斯密特触发器）
07	六高压输出缓冲器/驱动器（OC，30V）	15	三 3 输入与门（OC）

续表

序号	名称	序号	名称
16	六高压输出反相缓冲器/驱动器（OC，15V）	54	4 路 2-2-3-2 输入与或非门（H）
17	六高压输出缓冲器/驱动器（OC，15V）	55	2 路 4-4 输入与或非门（LS）
20	双 4 输入与非门	55	2 路 4-4 输入与或非门（可扩展）（H）
21	双 4 输入与门	60	双 4 输入扩展器
22	双 4 输入与非门（OC）	61	三 3 输入扩展器
25	双 4 输入或非门（有选通端）	62	4 路 2-3-3-2 输入与或扩展器
26	四 2 输入高压输出与非缓冲器（OC，15V）	64	4 路 4-2-3-2 输入与或门
27	三 3 输入或非门	65	4 路 4-2-3-2 输入与或非门（OC）
28	四 2 输入或非缓冲器	70	与门输入上升沿 J-K 触发器（有预置、清除端）
30	8 输入与非门	71	与或门输入主从 J-K 触发器（有预置端）
32	四 2 输入或门	72	与门输入主从 J-K 触发器（有预置端、清除端）
33	四 2 输入或非缓冲器（OC）	73	4-3-2-2 输入与或非门（OC）
37	四 2 输入与非缓冲器	74	双上升沿 D 型触发器（有预置、清除端）
38	四 2 输入与非缓冲器（OC）	75	双异或门
40	双 4 输入与非缓冲器	76	双 J-K 触发器
42	4 线-10 线译码器（BCD 输入）	78	双主从 J-K 触发器（有预置、公共清除、公共时钟端）
43	4 线-10 线译码器（余 3 码输入）	85	4 位数值比较器
44	4 线-10 线译码器（余 3 格雷码输入）	86	四 2 输入异或门
47	4 线-七段译码器/驱动器（BCD 输入，开路输出）	87	4 倍二进制原码/反码、O/I 单元
48	4 线-七段译码器/驱动器（BCD 输入，有上拉电阻）	90	异步二-五-十进制计数器
49	4 线-七段译码器/驱动器（BCD 输入，OC）	95	4 位移位寄存器（并行存取）
50	双 2 路 2-2 输入与或非门（一门可扩展）	101	与或门输入下降沿 J-K 触发器（有预置端）
51	双 2 路 2-2 输入与或非门（std）	102	与门输入下降沿 J-K 触发器（有预置、清除端）
51	2 路 3-3 输入，2 路 2-2 输入与或非门（LS）	107	双主从 J-K 触发器（有清除端）
52	4 路 2-3-2-2 输入与或门（可扩展）	108	双下降沿 J-K 触发器（有预置、公共清除、公共时钟端）
53	4 路 2-2-2-2 输入与或非门（可扩展）（std）	109	双上升沿 J-K 触发器（有预置、清除端）
53	4 路 2-2-3-2 输入与或非门（可扩展）（H）	110	与门输入主从 J-K 触发器
54	4 路 2-2-2-2 输入与或非门（std）	111	双主从 J-K 触发器（有预置、清除端、有数据锁定功能）
54	4 路 2-2-3-2 输入与或非门（LS）	112	双下降沿 J-K 触发器（有预置、清除端）

续表

序号	名称	序号	名称
113	双下降沿 J-K 触发器（有预置端）	160	十进制同步计数器（异步清除）
114	双下降沿 J-K 触发器	161	4 倍二进制同步计数器（异步清除）
116	双 4 位锁存器	162	十进制同步计数器（同步清除）
121	单稳态触发器（有施密特触发器）	163	4 倍二进制同步计数器（同步清除）
122	可重触发单稳态触发器（有清除端）	164	8 位移位寄存器（串行输入，并行输出）
123	可重触发双单稳态触发器（有清除端）	165	8 位移位寄存器（并行输入，互补串行输出）
125	四总线缓冲器（3S）	166	8 位移位寄存器（串、并行输入，串行输出）
126	四总线缓冲器（3S，控制端为"0"时输出呈高阻态）	168	十进制同步加/减计数器
128	四 2 输入或非线驱动器（线阻抗为 75Ω/50Ω）	169	4 位二进制同步加/减计数器
132	四 2 输入与非门（有施密特触发器）	170	4×4 寄存器阵（OC）
133	13 输入与非门	172	8×2 多端口寄存器阵（3S）
134	12 输入与非门（3S）	173	4 位 D 型寄存器（3S，Q 端输出）
135	四异或/或非门	174	六上升沿 D 型触发器（Q 端输出，有公共清除端）
136	四 2 输入端异或门（OC）	175	四上升沿 D 型触发器（有公共清除端）
138	3 线-8 线译码器	177	二-八-十六进制计数器（可预置）
139	双 2 线-10 线译码器	180	9 位奇偶产生器/校验器
140	双 4 输入与非线驱动器（线阻抗为 50Ω）	181	4 位算术逻辑单元/函数产生器（32 个功能）
145	4 线-10 线优先编码器/驱动器（BCD 输入，OC，可驱动灯、继电器）	182	超前进位产生器
147	10 线-4 线优先编码器（BCD 输出）	183	双进位保留全加器
148	8 线-3 线优先编码器	190	十进制同步加/减计数器
150	16 选 1 数据选择器（反码输出）	191	4 位二进制同步加/减计数器
151	8 选 1 数据选择器（原、反码输出，有使能输入端）	192	十进制同步加/减计数器（双时钟）
152	8 选 1 数据选择器（反码输出）	193	4 位二进制同步加/减计数器（双时钟）
153	双 4 选 1 数据选择器（有使能输入端）	194	4 位双向移位寄存器（并行存取）
154	4 线-16 线译码器	195	4 位移位寄存器（并行存取，J-$\overline{K}$ 输入）
155	双 2 线-4 线译码器（有公共地址输入端）	196	二-五-十进制计数器（可预置）
156	双 2 线-4 线译码器（OC，有公共地址输入端）	197	二-八-十六进制计数器（可预置）
157	四 2 选 1 数据选择器	198	8 位双向移位寄存器（并行存取）
158	四 2 选 1 数据选择器（反码输出）	199	8 位移位寄存器（并行存取，J-$\overline{K}$ 输入）

续表

序号	名称	序号	名称
221	双单稳态触发器（有施密特触发器）	283	4 位二进制超前进位全加器
240	八反相缓冲器/线驱动器/线接收器（3S）	284	4 位×4 位并行二进制乘法器（产生高位积）
241	八缓冲器/线驱动器/线接收器（3S）	285	4 位×4 位并行二进制乘法器（产生低位积）
244	八缓冲器/线驱动器/线接收器（3S）	290	二-五-十进制计数器
245	八双向总线发送器/接收器（3S）	293	二-八-十六进制计数器
246	4 线-七段译码器/高压输出驱动器（BCD 输入，OC，30V）	298	4 位 2 选 1 数据选择器（寄存器输出）
247	4 线-七段译码器/高压输出驱动器（BCD 输入，OC，15V）	324	电压控制振荡器
248	4 线-七段译码器/驱动器（BCD 输入，有上拉电阻）	348	8 线-3 线优先编码器（3S）
249	4 线-七段译码器/驱动器（BCD 输入，OC）	352	双 4 选 1 数据选择器（反码输出）
251	8 选 1 数据选择器（3S，原、反码输出）	353	双 4 选 1 数据选择器（3S，反码输出）
253	双 4 选 1 数据选择器（3S）	365	六总线驱动器（3S，公共控制）
257	四 2 选 1 数据选择器（3S）	366	六反相总线驱动器（3S，公共控制）
258	四 2 选 1 数据选择器（3S，反码输出）	367	六总线驱动器（3S，两组控制）
260	双 5 输入或非门	368	六反相总线驱动器（3S，两组控制）
261	2 位×4 位并行二进制乘法器（锁存器输出）	373	八 D 型锁存器（使能输入有回环特性）
266	四 2 输入异或非门（OC）	374	八上升沿 D 型触发器（3S，时钟输入有回环特性）
273	8D 锁存器	375	4 位 D 型锁存器
274	4 位×4 位二进制乘法器（3S）	377	八上升沿 D 型触发器（Q 端输出）
275	7 位位片华莱士树（3S）	381	4 位算术逻辑单元/函数产生器（8 个功能）
278	4 位可级联优先寄存器（输出可控）	393	双 4 位二进制计数器（异步清除）
279	四 $\overline{R}-\overline{S}$ 锁存器	395	4 位可级联移位寄存器（3S，并行存取）
280	9 位奇偶产生器/校验器	670	4×4 寄存器阵（3S）
281	4 位并行二进制累加器		

2. CMOS 集成电路检索表

型号	名称	型号	名称
CC4001	四 2 输入端或非门	CC4010	六同相缓冲/变换器
CC4002	双 4 输入端或非门	CC4011	四 2 输入端与非门
CC4006	18 位串入-串出移位寄存器	CC4012	双 4 输入端与非门
CC4007	双互补对加反相器	CC4013	双主从 D 型触发器
CC4008	4 位超前进位全加器	CC4014	8 位串入/并入-串出移位寄存器
CC4009	六反相缓冲/变换器	CC4015	双 4 位串入-并出移位寄存器

续表

型号	名称	型号	名称
CC4017	十进制计数/分配器	CC4078	8 输入端或非门/或门
CC4019	四与或选择器	CC4081	四 2 输入端与门
CC4021	8 位串入/并入-串出移位寄存器	CC4082	双 4 输入端与门
CC4022	八进制计数/分配器	CC4085	双 2 路 2 输入端与或非门
CC4024	7 位二进制串行计数器/分频器	CC4086	四 2 输入端可扩展与或非门
CC4025	三 3 输入端或非门	CC4089	二进制比例乘法器
CC4026	十进制计数/7 段译码器	CC4093	四 2 输入端施密特触发器
CC4027	双 J-K 触发器	CC4095	3 输入端 J-K 触发器
CC4028	BCD 码-十进制码译码器	CC4097	双八路模拟开关
CC4033	十进制计数/7 段译码器	CC4098	双单稳态触发器
CC4034	8 位通用总线寄存器	CC40106	六施密特触发器
CC4035	4 位并入/串入-并出/串出移位寄存器	CC40107	双 2 输入端与非缓冲/驱动器
CC4040	12 位二进制串行计数器/分频器	CC40109	四低-高电平位移器
CC4041	四同相/反相缓冲器	CC40110	十进制加/减计数/锁存/7 段译码/驱动器
CC4042	四锁存/D 型触发器	CC40160	可预置 BCD 加计数器
CC4043	四三态 R-S 锁存触发器（"1"触发）	CC40161	可预置 4 位二进制加计数器
CC4044	四三态 R-S 锁存触发器（"0"触发）	CC40174	六锁存 D 型触发器
CC4046	锁相环	CC40192	可预置 BCD 加/减计数器（双时钟）
CC4048	8 输入端可扩展多功能门	CC40193	可预置 4 位二进制加/减计数器（双时钟）
CC4049	六反相缓冲/变换器	CC40194	4 位并入/串入-并出/串出移位寄存器（左移/右移）
CC4050	六同相缓冲/变换器	CC40195	4 位并入/串入-并出/串出移位寄存器
CC4051	单八路模拟开关	CC14433	$3\frac{1}{2}$ 位双积分 A/D 转换器
CC4052	双四路模拟开关	CC14500	工业控制单元
CC4053	三组二路模拟开关	CC4502	可选通三态输出六反相/缓冲器
CC4055	BCD-7 段译码/液晶驱动器	CC4508	双 4 位锁存 D 型触发器
CC4060	14 位二进制串行计数器/分频器	CC4510	可预置 BCD 加/减计数器（单时钟）
CC4066	四双向模拟开关	CC4511	BCD-锁存/7 段译码/驱动器
CC4067	单十六路模拟开关	CC4512	八路数据选择器
CC4068	8 输入端与非门/与门	CC14513	BCD-锁存/7 段译码/驱动器
CC4069	六反相器	CC4514	4 位锁存/4 线-16 线译码器（输出"1"）
CC4070	四异或门	CC4515	4 位锁存/4 线-16 线译码器（输出"0"）
CC4071	四 2 输入端或门	CC4516	可预置 4 位二进制加/减计数器（单时钟）
CC4072	双 4 输入端或门	CC4518	双 BCD 同步加计数器
CC4073	三 3 输入端与门	CC4520	双 4 位二进制同步加计数器
CC4075	三 3 输入端或门	CC4521	24 位分频器

型号	名称	型号	名称
CC14522	可预置 BCD 同步 1/N 计数器	CC4556	双二进制 4 选 1 译码器/分离器（输入"0"）
CC14526	可预置 4 位二进制同步 1/N 计数器	CC14560	"N" BCD 加法器
CC4527	BCD 比例乘法器	CC14561	"9" 求补器
CC14528	双单稳态触发器	CC14585	4 位数值比较器
CC14529	双四路/单八路模拟开关	CC14599	8 位可寻址锁存器
CM14537	256×1 静态随机存取存储器	CM5101	256×4 静态随机存取存储器
CC14539	双四路数据选择器	CC7106	$3\frac{1}{2}$ 位双积分 A/D 转换器（驱动 LCD）
CC14543	BCD-锁存/7 段译码/驱动器	CC7107	$3\frac{1}{2}$ 位双积分 A/D 转换器（驱动 LED）
CC14544	BCD-锁存/7 段译码/驱动器	CC7555	单定时器
CC14547	BCD-锁存/7 段译码/大电流驱动器	CC7556	双定时器
CC4555	双二进制 4 选 1 译码器/分离器（输入"1"）		

3. 常用数字集成电路外引线排列图及功能表

00　四 2 输入与非门　$Y = \overline{A \cdot B}$

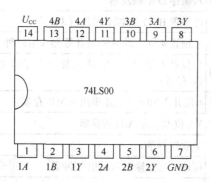

04　六反相器　$Y = \overline{A}$

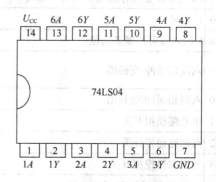

02　四 2 输入或非门　$Y = \overline{A + B}$

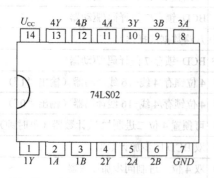

11　三 3 输入与门　$Y = A \cdot B \cdot C$

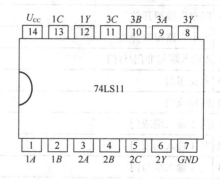

20 双4输入与非门 $Y = \overline{A \cdot B \cdot C \cdot D}$

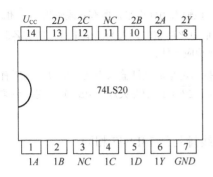

30 8输入与非门 $Y = \overline{ABCDEFGH}$

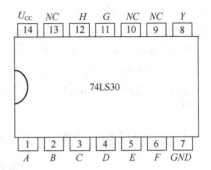

32 四2输入或门 $Y = A + B$

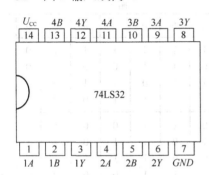

47 4线-七段译码器/驱动器（开路输出）

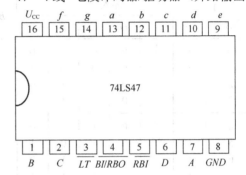

74LS47 功能表

十进制或功能	输入						$\overline{BI}/BRO+$	输出							注
	$\overline{LT}$	$\overline{RBI}$	D	C	B	A		a	b	C	d	e	f	g	
0	1	1	0	0	0	0	1	0	0	0	0	0	0	1	
1	1	×	0	0	0	1	1	1	0	0	1	1	1	1	
2	1	×	0	0	1	0	1	0	0	1	0	0	1	0	
3	1	×	0	0	1	1	1	0	0	0	0	1	1	0	
4	1	×	0	1	0	0	1	1	0	0	1	1	0	0	
5	1	×	0	1	0	1	1	0	1	0	0	1	0	0	
6	1	×	0	1	1	0	1	1	1	0	0	0	0	0	
7	1	×	0	1	1	1	1	0	0	0	1	1	1	1	1
8	1	×	1	0	0	0	1	0	0	0	0	0	0	0	
9	1	×	1	0	0	1	1	0	0	0	1	1	0	0	
10	1	×	1	0	1	0	1	1	1	1	0	0	1	0	
11	1	×	1	0	1	1	1	1	1	0	0	1	1	0	
12	1	×	1	1	0	0	1	0	1	1	0	0	1	1	
13	1	×	1	1	0	1	1	0	1	1	0	1	1	0	
14	1	×	1	1	1	0	1	1	1	1	0	0	0	0	
15	1	×	1	1	1	1	1	1	1	1	1	1	1	1	
$\overline{BI}$	1	×	×	×	×	×	0	1	1	1	1	1	1	1	2
$\overline{RBI}$	1	0	0	0	0	0	0	1	1	1	1	1	1	1	3
$\overline{LT}$	0	×	×	×	×	×	1	0	0	0	0	0	0	0	4

注：1. 要求 0 至 15 时，灭灯输入（$\overline{BI}$）必须开路或保持高电平，如果不要灭十进制数零，则动态灭灯输入（$\overline{RBI}$）必须开路或为高电平。

2. 当一低电平直接加于灭灯输入（$\overline{BI}$）时，则不管其他输入为何电平，所有各段输出都关闭。

3. 当动态灭灯输入（$\overline{RBI}$）和 A、B、C、D 输入为低电平而试灯输入为高电平时，所有各段输出都关闭并且动态灭灯输出（$\overline{RBO}$）处于低电平（响应条件）。

4. 当灭灯输入/动态灭灯输出（$\overline{BI}/\overline{BRO}$）开路或保持高电平而试灯输入为低电平时，则所有各段输出都接通。$\overline{BI}/\overline{BRO}$ 是线与逻辑，作灭灯输入（$\overline{BI}$）或动态灭灯（$\overline{RBI}$）之用，或兼作两者之用。

48 4线-七段译码器/驱动器（有上拉电阻）外引线排列与 74LS47 相同

74LS48 功能表

十进制或功能	输入						$\overline{BI}/\overline{BRO}_+$	输出							注
	$\overline{LT}$	$\overline{RBI}$	D	C	B	A		a	b	c	d	e	f	g	
0	1	1	0	0	0	0	1	1	1	1	1	1	1	0	
1	1	×	0	0	0	1	1	0	1	1	0	0	0	0	
2	1	×	0	0	1	0	1	1	1	0	1	1	0	1	
3	1	×	0	0	1	1	1	1	1	1	1	0	0	1	
4	1	×	0	1	0	0	1	0	1	1	0	0	1	1	
5	1	×	0	1	0	1	1	1	0	1	1	0	1	1	
6	1	×	0	1	1	0	1	0	0	1	1	1	1	1	
7	1	×	0	1	1	1	1	1	1	1	0	0	0	0	1
8	1	×	1	0	0	0	1	1	1	1	1	1	1	1	
9	1	×	1	0	0	1	1	1	1	1	0	0	1	1	
10	1	×	1	0	1	0	1	0	0	0	1	1	0	1	
11	1	×	1	0	1	1	1	0	0	1	1	0	0	1	
12	1	×	1	1	0	0	1	0	1	0	0	0	1	1	
13	1	×	1	1	0	1	1	1	0	0	1	0	1	1	
14	1	×	1	1	1	0	1	0	0	0	1	1	1	1	
15	1	×	1	1	1	1	1	0	0	0	0	0	0	0	
$\overline{BI}$	×	×	×	×	×	×	0	0	0	0	0	0	0	0	2
$\overline{RBI}$	1	0	0	0	0	0	0	0	0	0	0	0	0	0	3
$\overline{LT}$	0	×	×	×	×	×	1	1	1	1	1	1	1	1	4

注：1. 要求输出 0 至 15 时，灭灯输入（$\overline{BI}$）必须开路或保持高电平，如果不要灭十进制数零，则动态灭灯输入（$\overline{RBI}$）必须开路或为高电平。

2. 当一低电平直接加于灭灯输入（$\overline{BI}$）时，则不管其他输入为何电平，所有各段输出都为低电平。

3. 当动态灭灯输入（$\overline{RBI}$）和 A、B、C、D 输入为低电平而试灯输入为高电平时，所有各段输出都关闭并且动态灭灯输出（$\overline{RBO}$）处于低电平（响应条件）。

4. 当灭灯输入/动态灭灯输出（$\overline{BI}/\overline{BRO}$）开路或保持高电平而试灯输入为低电平时，则所有各段输出都为高电平。$\overline{BI}/\overline{BRO}$ 是线与逻辑，作灭灯输入（$\overline{BI}$）或动态灭灯（$\overline{RBO}$）之用，或兼作两者之用。

74LS74 功能表

输入				输出	
$\overline{S}_D$	$\overline{R}_D$	CP	D	Q_{n+1}	$\overline{Q}_{n+1}$
0	1	×	×	1	0
1	0	×	×	0	1
0	0	×	×	Φ	Φ
1	1	↑	1	1	0
1	1	↑	0	0	1
1	1	0	×	Q_n	$\overline{Q}_n$

74 双上升沿 D 触发器（有预置、清除功能）

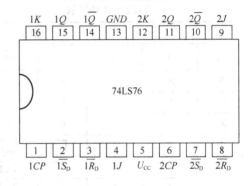

74LS76 功能表

输入					输出	
$\overline{S}_D$	$\overline{R}_D$	CP	J	K	Q_{n+1}	$\overline{Q}_{n+1}$
0	1	×	×	×	1	0
1	0	×	×	×	0	1
0	0	×	×	×	Φ	Φ
1	1	↓	0	0	Q_n	$\overline{Q}_n$
1	1	↓	1	0	1	0
1	1	↓	0	1	0	1
1	1	↓	1	1	$\overline{Q}_n$	Q_n
1	1	1	×	×	Q_n	$\overline{Q}_n$

76 双 J-K 触发器

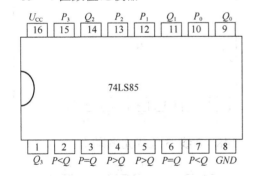

85 4 位数值比较器

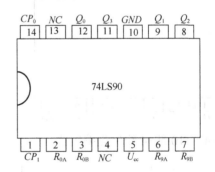

90 异步二-五-十进制计数器

74LS85 功能表

比较输入				级联输入			输出		
P_3, Q_3	P_2, Q_2	P_1, Q_1	P_0, Q_0	$P>Q$	$P<Q$	$P=Q$	$P>Q$	$P<Q$	$P=Q$
$P_3>Q_3$	×	×	×	×	×	×	1	0	0
$P_3<Q_3$	×	×	×	×	×	×	0	1	0
$P_3=Q_3$	$P_2>Q_2$	×	×	×	×	×	1	0	0

续表

比较输入				级联输入			输出		
$P_3=Q_3$	$P_2<Q_2$	×	×	×	×	×	0	1	0
$P_3=Q_3$	$P_2=Q_2$	$P_1>Q_1$	×	×	×	×	1	0	0
$P_3=Q_3$	$P_2=Q_2$	$P_1<Q_1$	×	×	×	×	0	1	0
$P_3=Q_3$	$P_2=Q_2$	$P_1=Q_1$	$P_0>Q_0$	×	×	×	1	0	0
$P_3=Q_3$	$P_2=Q_2$	$P_1=Q_1$	$P_0<Q_0$	1	0	0	0	1	0
$P_3=Q_3$	$P_2=Q_2$	$P_1=Q_1$	$P_0=Q_0$	1	0	0	1	0	0
$P_3=Q_3$	$P_2=Q_2$	$P_1=Q_1$	$P_0=Q_0$	0	1	0	0	1	0
$P_3=Q_3$	$P_2=Q_2$	$P_1=Q_1$	$P_0=Q_0$	0	0	1	0	0	1

74LS123 功能表

输入			输出	
C_r	A	B	Q	$\overline{Q}$
0	×	×	0	1
×	1	×	0	1
×	×	0	0	1
1	0	↑	⎍	⎍
1	↓	1	⎍	⎍
↑	0	1	⎍	⎍

123 可重复触发双单稳态触发器

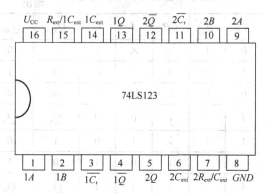

121 单稳态触发器触发器

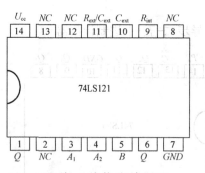

138 3 线-8 线译码器

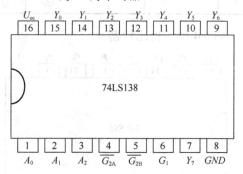

147 10 线-4 线优先编码器

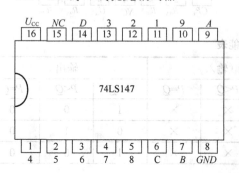

148 8 线-3 线优先编码器

74LS147 功能表

输入									输出			
1	2	3	4	5	6	7	8	9	D	C	B	A
1	1	1	1	1	1	1	1	1	1	1	1	1
×	×	×	×	×	×	×	×	0	0	1	1	0
×	×	×	×	×	×	×	0	1	0	1	1	1
×	×	×	×	×	×	0	1	1	1	0	0	0
×	×	×	×	×	0	1	1	1	1	0	0	1
×	×	×	×	0	1	1	1	1	1	0	1	0
×	×	×	0	1	1	1	1	1	1	0	1	1
×	×	0	1	1	1	1	1	1	1	1	0	0
×	0	1	1	1	1	1	1	1	1	1	0	1
0	1	1	1	1	1	1	1	1	1	1	1	0

151 8 选 1 数据选择器

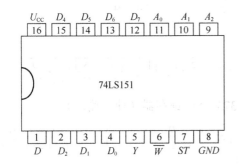

161 4 位二进制同步计数器（异步清除）

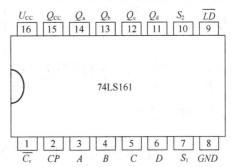

74LS160 功能表

输入					输出
CP	$\overline{LD}$	$\overline{R_\mathrm{D}}$	S_1	S_2	Q
×	×	0	×	×	全 "0"
↑	0	1	×	×	预置数据
↑	1	1	1	1	计数
×	1	1	0	×	保持
×	1	1	×	0	保持

166 十进制同步计数器（异步清除）
（外引线排列同 74LS161）

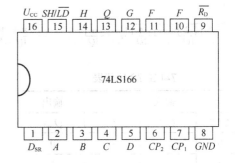

162 十进制同步计数器（同步清除）（外引线排列和功能表与 160 相同）

163 4 位二进制同步计数器（同步清除）（外引线排列和功能表与 161 相同）

166 8 位移位寄存器（并/串行输入，串行输出）

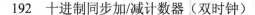

74LS166 功能表

输入						内部状态		输出
$\overline{R_D}$	$SH/\overline{LD}$	CP_2	CP_1	D_{SR}	$A \cdots H$	Q_A	Q_B	Q
0	×	×	×	×	×	0	0	0
1	×	0	0	×	×	Q_{A0}	Q_{B0}	Q_{H0}
1	0	0	↑	×	$a \cdots h$	a	b	h
1	1	0	↑	1	×	1	Q_{An}	Q_{Gn}
1	1	0	↑	0	×	0	Q_{An}	Q_{Gn}
1	×	1	↑	×	×	Q_{A0}	Q_{B0}	Q_{H0}

192 十进制同步加/减计数器（双时钟）

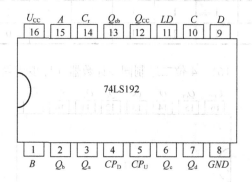

194 4位双向移位寄存器

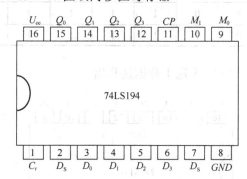

273 8D 锁存器

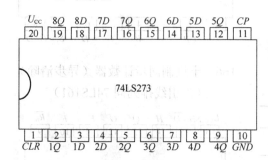

373 8D 锁存器（使能输入）

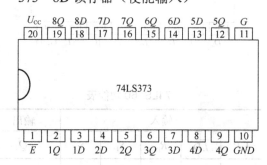

74LS273 功能表

输入			输出
CLR	CP	D	Q_{n+1}
0	×	×	0
1	↑	1	1
1	↑	0	0
1	0	×	Q_n

74LS373 功能表

输入			输出
$\overline{E}$	G	D	Q_{n+1}
0	1	1	1
0	1	0	0
0	0	×	Q_n
1	×	×	高阻

4011 四 2 输入与非门 $Y = \overline{A \cdot B}$

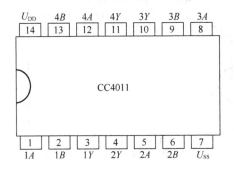

4012 双 4 输入与非门 $Y = \overline{A \cdot B \cdot C \cdot D}$

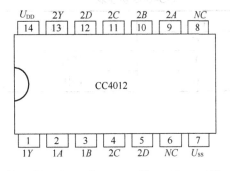

4017 十进制计数/分配器

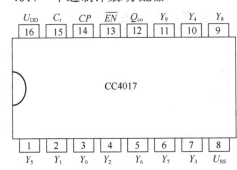

4069 六反相器 $Y = \overline{A}$

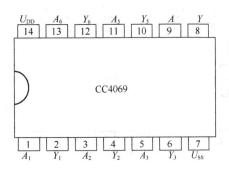

CC4051 功能表

输入				通道信号
$\overline{G}$	S_2	S_1	S_0	
1	×	×	×	没有
0	0	0	0	0
0	0	0	1	1
0	0	1	0	2
0	0	1	1	3
0	1	0	0	4
0	1	0	1	5
0	1	1	0	6
0	1	1	1	7

4051 模拟多路转换器/分配器（8 选 1 模拟开关）

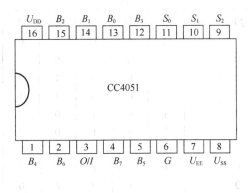

CC4060 功能表

输入		功能
CP_1	CLR	
×	1	清除
↓	0	计数
↑	0	保持

4060 14 位同步二进制计数器和振荡器

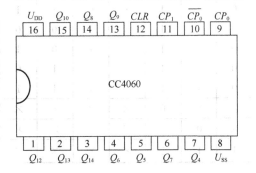

CC4066 功能表

输入	开关状态
C	
1	通导
0	高阻

4066 四双向开关

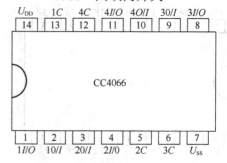

4511 BCD-七段译码/驱动器（锁存输出）

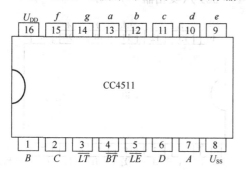

4518 双 BCD 同步计数器

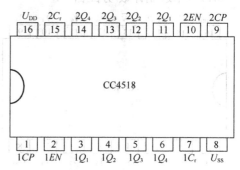

CC4511 功能表

输入							输出							显示
$\overline{LE}$	$\overline{BI}$	$\overline{LT}$	D	C	B	A	a	b	c	d	e	f	g	
0	1	1	0	0	0	0	1	1	1	1	1	1	0	0
0	1	1	0	0	0	1	0	1	1	0	0	0	0	1
0	1	1	0	0	1	0	1	1	0	1	1	0	1	2
0	1	1	0	0	1	1	1	1	1	1	0	0	1	3
0	1	1	0	1	0	0	0	1	1	0	0	1	1	4
0	1	1	0	1	0	1	1	0	1	1	0	1	1	5
0	1	1	0	1	1	0	0	0	1	1	1	1	1	6
0	1	1	0	1	1	1	1	1	1	0	0	0	0	7
0	1	1	1	0	0	0	1	1	1	1	1	1	1	8
0	1	1	1	0	0	1	1	1	1	0	0	1	1	9
0	1	1	1	0	1	0	0	0	0	0	0	0	0	空白
0	1	1	1	0	1	1	0	0	0	0	0	0	0	空白
0	1	1	1	1	0	0	0	0	0	0	0	0	0	空白
0	1	1	1	1	0	1	0	0	0	0	0	0	0	空白
0	1	1	1	1	1	0	0	0	0	0	0	0	0	空白
0	1	1	1	1	1	1	0	0	0	0	0	0	0	空白
×	×	0	×	×	×	×	1	1	1	1	1	1	1	8
×	0	1	×	×	×	×	0	0	0	0	0	0	0	空白
1	1	1	×	×	×	×	锁存，输出与 $\overline{LE}$ 上升前相同							不变

CC4518 功能表

输入			输出
C_r	EN	CP	Q
1	×	×	全 "0"
0	1	↑	加计数
0	↓	0	加计数
0	×	↓	保持
0	↑	×	保持
0	0	↑	保持
0	↓	1	保持

附录 C 电子电路实验报告的撰写

实验报告是实验工作的总结，撰写实验报告是对电路的设计方法和实验方法加以总结、对实验数据加以处理、对实验中所观察到的现象加以分析的过程。对工科学生而言，撰写实验报告也是一种基本技能训练，通过撰写实验报告，能够深化基础理论的认识和应用能力，加深对电子测量基本方法和电子仪器使用方法的理解，提高实验数据的分析、处理能力，培养严谨的学风和实事求是的科学态度，锻炼科技文章的写作能力。此外，实验报告也是实验成绩考核的重要依据之一。

电子电路实验一般分验证性实验、综合性实验和设计性实验三类，由于实验目的不同，实验报告的格式和内容也有所不同，具体如下。

1. 验证性实验和综合性实验的报告格式和内容

（1）实验名称
实验名称要反映实验的性质和内容，要简明。

（2）实验目的
列出通过本次实验要求掌握、熟悉和了解的内容。

（3）实验原理和测试电路
画出实验电路图，简明扼要地说明电路的工作原理，给出理论计算公式和工作波形。

（4）实验仪器和设备
列出使用的主要仪器、仪表的名称和型号，主要器件的规格和参数。

（5）实验电路的组装和调测试步骤
写出组装和调测试电路的方法、步骤、技巧和注意事项，记录调试中出现的故障及其诊断和排除方法。

（6）数据、波形记录和实验结果分析
记录实验数据和波形，并对其进行分析处理，最后给出实验结果。

（7）讨论
回答思考题及对实验方法、实验电路提出改进意见。

2. 设计性实验报告的格式和内容

（1）实验名称

实验名称要反映实验报告的性质和内容，要简明。

（2）设计任务和要求

按要求写出已知条件和设计要求。

（3）总体方案选择论证

内容包括所考虑各方案的框图、简要工作原理和优缺点，最终的选择方案及选择理由。

（4）单元电路设计

设计各单元电路，计算电路参数，选择合适的元器件。

（5）总体电路图及仿真

画出总体电路图及必要的波形图，说明电路的工作原理，并通过计算机仿真。

（6）实验电路的组装和调测试

写出组装和调测试电路的方法、步骤、技巧和注意事项，说明所使用的主要仪器、仪表的型号，记录调测试中出现的故障及其诊断和排除方法。记录实验数据和波形，并与计算结果比较分析。

（7）设计总结

总结所设计电路的特点，指出其核心及实用价值，提出电路的改进意见。

（8）收获与致谢

写出通过本次设计性实验的收获和体会，对给予帮助的单位和个人表示感谢。

（9）元器件清单

列出电路所用元器件的清单，格式为序号、名称、型号、数量及必要的说明。

（10）参考文献

列出参考文献，格式为作者、文献名、出版单位、出版时间、卷号和页码。

参考文献

1. 高玉良. 电路与电子技术实验教程[M]. 北京：中国电力出版社，2006.
2. 陈大钦. 电子技术基础实验（第三版）[M]. 北京：高等教育出版社，2008.
3. 李振声. 电工电子实验教程（第二版）[M]. 北京：科学出版社，2012.
4. 康华光. 电子技术基础（第五版）[M]. 北京：高等教育出版社，2008.
5. 蒋焕文，孙续. 电子测量（第三版）[M]. 北京：中国质检出版社，2012.
6. 彭介华. 电子技术课程设计指导[M]. 北京：高等教育出版社，1997.
7. 集成电路大全编委会. 集成电路大全·TTL 集成电路[M]. 北京：国防工业出版社，1985.
8. 集成电路大全编委会. 集成电路大全·COMS 集成电路[M]. 北京：国防工业出版社 1985.